풀리지 않는 물리학

SUSHIKI WO TSUKAWANAI BUTSURIGAKU NYUMON
_EINSTEIN IGO NO SHIZEN TANKEN

First published in Japan in 2020 by KADOKAWA CORPORATION, Tokyo.
Korean translation rights arranged with KADOKAWA CORPORATION, Tokyo
through Danny Hong Agency.
Korean translation copyright ⓒ 2021 by Feelmbook

복잡한 수식 없이 유쾌하게
즐기는 경이로운 물리학의 세계

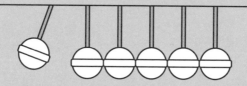

물리지
않는
물리학

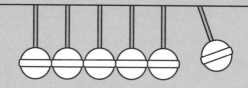

이노키 마사후미 지음
정미애 옮김 | **오스가 겐** 감수

물리학도 재미있을 수 있다!

오스가 겐^측정투(쓰쿠바대학교교수)

21세기, 물리학은 경이로운 발전을 이루고 있다. 예상치 못했던 사실이 발견되고, 절대 불가능하다고 여겼던 실험과 관측이 연이어 실현되고 있다. 이를테면 우리가 사는 우주가 가속 팽창을 하고 있다고 판명되었다. 태양계 외에도 행성이 존재한다는 사실을 알게 되었고, 아인슈타인(1879~1955)이 예언한 중력파가 우주 공간을 전파한다는 사실이 실증되었다. 또 중성미자에 질량이 있음을 확인했다. 급기야 신의 입자라 불리는 힉스 입자가 발견되기에 이르렀다. 이 모두는 인류가 얼마 전까지만 해도 믿고 있던 세계관을 근본부터 뒤엎는 위대한 발견이다.

여러분 중에도 뉴스에서 본 적이 있거나 어디선가 들어 본 사람이 있을 것이다. 그도 그럴 것이 여기서 소개한 연구 성과는 모두 노벨 물리학상을 받은 것들이다. 더구나 놀라운 것은 이 중에서 가장 오래된 외계 행성의 발견조차 30여 년 전의 성과라는 사실이다. 또 사건지평선망원경[EHT, Event Horizon Telescope]에 의한 거대한 블랙홀의 촬영 등 노벨상까지는 가지 않아도 세기의 발견이라 할 수 있는 성과가 최근 끊임없이 보고되고 있다. 물리학의 황금시대가 바로 현대다.

이런 상황이니 현대 물리학자는 무척 행운이라 할 수 있다. 물리학의 역사를 되돌아보면 저명한 연구자들이 기라성처럼 서 있고, 그들이 평생에 걸쳐 연구하고 상상한 우주의 진리를 실시간으로 알 수 있으니 말이다. 그러나 우리가 물리학자로서 정말 부럽다고 느끼는 것은 지난 세기 전반부터 중반까지의 시대다. 일반 상대성 이론과 양자 역학이라는 현대 물리학의 두 기둥이 세워진 시대이기 때문이다. 성과가 결실을 맺는 순간이 눈부시게 보이는 것은 사실이지만, 그렇게 되기 위한 뼈대를 만드는 일이 학문의 세계에서는 가장 큰 업적이다. 주춧돌이 되는 이론 체계만 완성된다면 위대한 발견은 필연적 결과라 해도 과언이 아니기 때문이다.

내가 부럽다고 생각하는 지난 세기에 구축된 새로운 물리학이 일반 상대성 이론과 양자 역학이다. 일상적으로 일어나는 다양한 자연 현상을 이해하기 위한 물리학은 대략 19

세기 말에 완성되었다. 그러나 인류는 그것에 만족하지 않고 끝없이 펼쳐진 대우주와 소립자가 지배하는 미시 세계의 탐사에 착수했다. 그리고 일상생활과 동떨어진 극대, 극소 규모에서는 인류가 가진 기존의 상식이 통용되지 않는다는 사실을 알게 되었다. 비상식적인 현상을 이해하기 위해 물리학자들은 마음을 집중하여 연구에 매진했고, 마침내 탄생한 것이 일반 상대성 이론과 양자 역학이다. 오늘날의 수많은 대발견의 씨앗은 이 시대에 뿌려진 셈이다.

일상의 상식이 통용되지 않는 학문을 이해하는 일은 물리학자에게도 어렵다. 물리학자는 수학을 사용해 물리를 이해하지만, 물리학자도 인간이다. 도출된 답이 일상의 상식과 동떨어져 있으면 속 시원히 이해하기 힘들다. '답은 나왔는데, 이게 무슨 뜻일까?' 이런 느낌이다. 물리학자에게도 어려운 비상식적인 물리학을 쉽게 해설할 수는 없을까 하는 어려운 문제에 도전한 것이 바로 이 책이다. 그리고 저자는 보란 듯이 해냈다. 수식을 쓰지 않으면서, 수많은 궁리 끝에 상식에서 벗어난 일반 상대성 이론과 양자 역학을 쉽게 이야기하는 데 성공했다.

이제 여러분에게 "이 기회에 물리학을 마음껏 즐기세요!"라고 말해야 할 텐데, 여러분보다 먼저 이 책을 읽게 되었다. 이 책을 한마디로 표현하면 '현대 물리학 그림 두루마리'가 아닐까 한다. 난해한 물리학을 물 흐르듯 해설하면서, 물리학의 위대한 발전을 박진감 있게 전달하기 때문이다. 또 저자의 명쾌한 해설도 더할 나위 없이 훌륭하다. 물리학자인 내가 내용 자체를 아는 것이야 당연한 일이지만, 저자의 유머 넘치는 설명에 무심코 웃음이 터지기도 했다. 그러나 수식을 쓰지 않고 해설하기란 쉬운 일이 아니다. 다듬고 다듬은 이 책의 내용은 저자가 칠전팔기의 고통 끝에 생각해낸 것일 것이다. 나 또한 블랙홀이라는, 상식이 통용되지 않는 천체 해설서를 집필할 때 같은 고통을 맛본 적이 있기에 틀림없을 듯싶다. 그만큼 저자의 고뇌와 명해설을 충분히 느끼고 즐길 수 있었다.

또 하나, 여러분은 이해하는 것뿐 아니라 이해할 수 없는 것도 즐기기 바란다. 다시 한번 말하지만, 이 책에서 해설하는 일반 상대성 이론과 양자 역학은 우리의 상식에서 벗어난 결론을 이끌어낸다. 아무리 쉽게 설명해도 일상의 상식에 사로잡힌 사고로는 제대로 이해할 수 없다. 그럴 때는 실망하지 말자. 아인슈타인조차 양자 역학을 평생 인정할 수 없었다. 모든 실험 사실이 양자 역학의 정당성을 말해주고 있음에도 말이다. 그러니 이해할 수 없는 것을 통해 우리가 얼마나 경험에 근거한 자기중심적 상식에 사로잡혀 있는지, 이 우주가 얼마나 비상식적인 법칙에 지배당하고 있는지 느꼈으면 한다. 이해할 수 없는 진실이 펼쳐져 있다는 것 또한 즐거운 일이 아닐까?

　즐겁게 책을 읽어 내려가던 나는 문득 깨달았다. 생각해보니 감수를 하는 것이 내가 할 일이었다. 그래서 다시 연구자의 시점에서 읽어보니 시간이 흘러 낡아버린 해설이 눈이 띄었다. 또 대폭 진전한 현재의 물리학을 제대로 설명하지 못한 부분도 보였다. 본질을 전달하기 위해 저자가 일부러 지엽적인 부분의 정확성을 희생시킨 부분도 있었다. 그런 부분에 닥치는 대로 주석을 달고 몽땅 수정해버리면 그만이었지만, 정말 그게 최선일까 무척 고민했다. 감수를 맡았을 때만 해도 이런 문제로 고민하게 될 줄은 솔직히 상상도 하지 못했다.
　결국 주석은 최소한으로 하자고 결정했다. 엄밀한 해석이나 정밀한 측정값을 전달하기보다는 유쾌한 해설로 물리학의 경이로움을 전달하는 것이 이 책의 가장 큰 매력이라고 판단했기 때문이다. 정보의 정확성에 집착하게 되는 것이 물리학자의 기질이기는 하나, 이번에는 꾹 참기로 결심했다. 당연한 말이지만, 지금은 완전히 갱신된 낡은 인식을 그대로 방치한 것은 아니다. 중요한 수정은 해두었으니 안심하기 바란다. 그리고 더 정밀한 최신 성과를 알고 싶다면 이 책을 졸업하고 다음 단계로 넘어가자.

마지막으로 나는 이 책에서 상식과 편견을 버리는 용기의 중요성을 재확인할 수 있었다. 연구자는 새로운 지식을 얻기 위해 계속 도전해야 한다. 때로는 낡은 상식이나 편견을 버릴 필요가 있다. 그러나 부지불식간에 자기 상식의 범주 내에서 연구를 하기 쉽다. 나 자신만 봐도 그런 경우가 제법 있다. 이 책에서도 여러 번 언급한 바 있지만, 뚱딴지같은 이론이 실은 우주의 진리였다는 이야기에 나도 새로운 것에 계속 도전해야겠다는 결의를 새삼 다지게 되었다. 물론 새로운 도전에는 실패가 따르는 법이다. 그러나 실패를 두려워할 필요는 없다. "연구자는 실패를 통해서만 귀중한 지식을 얻고 아이디어를 무한히 발전시킬 수 있다"는 저자의 말이 모든 연구자, 그리고 모든 사람에게 다정하게 용기를 불어넣어주고 있으니 말이다.

Contents

Part 7 | 진공 세계에서는 '무'에서 '유'가 생긴다

일러두기

- 직함이나 나이, '세계 최고', '세계 최대' 같은 표현은 집필 당시의 기술입니다.

- 명백한 오류로 보이는 내용이나 표현은 일본 출판사에서 유족과 감수자의 승낙을 얻어 수정했습니다.

- 역사상 인물의 생몰연대에 대해서는 현재의 자료로 바로잡아 수정했습니다.

- 현재의 정설과 다른 기술이나 내용도 그대로 남아 있으나, 주의가 필요한 부분은 감수자가 각주를 달았습니다.

- 저자가 별도로 강조한 표현은 볼드체로 표시했습니다.

물리학, 최첨단의 날개를 달고서

인간의 어떤 상상도 뛰어넘는 기묘한 물리학 세계

인간의 지식욕은 끝이 없다

추운 겨울날 아침, 열차 안 유리창은 내부의 따뜻한 수증기로 뿌옇게 성에가 낀다. 이럴 때 승객들은 하나같이 뿌연 유리창을 닦아 바깥 경치를 내다보고 싶어진다. 왜일까? 정도의 차이는 있지만 인간은 누구나 자기 주변의 자연을 알고 싶어 하는 본능적 욕망, 지식욕, 호기심이 있기 때문이다. 그러나 인간이 감각기관을 통해 직접적으로 알 수 있는 자연의 범위는 극히 좁다. 이를테면 우리는 10분의 1밀리미터 정도 되는 물체의 형태를 육안으로는 잘 볼 수 없다. 또 육안으로는 달과 별 중 무엇이 더 멀리 있는지 알 수 없다.

그러나 현대 물리학은 절묘한 이론과 기계의 도움으로 우리가 알 수 있는 자연의 범위(시야)를 상식적으로는 상상할 수 없을 만큼 확대하는 데 성공했다.

현대 물리학의 시야는 무려 100억 광년(1광년은 빛이 1년 동안 가는 거리이고, 100억 광년은 100억의 10조 배 킬로미터)의 초거대 우주부터 1조분의 1밀리미터의 초미시 소립자(이를테면 원자를 구성하는 기초적인 입자) 세계로까지 확대되었다. 또 공간과 함께 시간에 대해서도 그 시야를 놀라우리만치 넓혔다. 물리학자는 실생활에서 아무리 느긋한 사람이라도 10조분의 1의 100억분의 1초라는 극히 짧은 시간에 일어나는 현상에 대해 생각해야 한다. 또 아무리 성미가 급한 물리학자라도 100억 광년이라는 어마어마한 기간 동안 일어나는 자연 현상을 생각해야 한다.

현대 물리학은 에너지 분야에서도 크게 시야를 넓혀가고 있다. 그 시야는 감각으로는 절대 느낄 수 없는 초미시 에너지 현상부터 원자폭탄과 수소폭탄의 폭발 에너지 이상의 초거대 에너지 현상에 이르기까지 확대되었다.

그렇다면 현대 물리학은 이처럼 시야를 현저히 넓힘으로써 자연의 본질에 대해 무엇을 알아낼 수 있었을까? 그것은 바로 '초감각적 세계는 감각적 세계와 질적으로 다르다'는 사실이다. 달리 말하면, 우리가 감각으로 경험할 수 있는 범위보다 극단적으로 크거나 작은 세계는 전혀 성질이 다른 세계라는 말이다. 요컨대 자연은 질적으로 다른 수많은 층으로

이루어져 있다고 볼 수 있다. 이를 자연의 다층적 구조라고
부르기로 하자.

큰 괴물 거북이나 코끼리가 지구를 떠받친다고?

현대 물리학의 진보에 따라 자연이 다층적 구조를 가졌
음이 밝혀지기 전에는 자연에 대해 잘못된 사고를 하는 경우
가 적지 않았다. 그리고 현대에도 현대 물리학을 모르는 사
람은 잘못된 사고를 한다. 이번에는 다층적 구조란 어떤 것
인지를 알기 위해 자연에 대한 잘못된 사고의 예를 살펴보도
록 하자.

누구나 한 번쯤은 '우주는 유한할까, 무한할까?'라는 의
문을 가진 적이 있을 것이다. 만일 유한하다면, 우주 공간이
아무리 광대할지라도 반드시 그 끝(한계)이 있을 것이다. 그
리고 여기까지 생각이 미치면 '그 끝의 바깥쪽에는 무엇이
존재할까?'라는 의문을 아무래도 피할 수 없다.

나의 학창 시절에 늘 이런 생각을 하던 동급생이 있었다.
그는 피할 길 없는 의문의 연쇄반응 탓에 결국 신경쇠약에
걸리고 말았다. 우주 공간의 끝에 대한 이런 의문은 옛사람
들이 땅끝에 대해 품었던 소박한 의문과 마찬가지로 잘못된
사고에 근거한다고 물리학자들은 설명한다.

물리학을 모른 채 우주의 끝에 무엇이 있을까를 생각하면 의문에 의문이 꼬리를 물어 골치가 아파진다.

　따라서 먼저 옛사람들의 소박한 의문에 대해 간단히 짚고 넘어가자. 육안으로 보이는 범위에서는 땅은 평면으로 보인다. 하지만 바다를 잘 관찰해보면 지평선에서 해수면이 살짝 휘어 있음을 알 수 있다.

　옛사람들은 거기까지는 미처 알아채지 못했다. 그들은 해수면도 평면이라고 믿었던 것이다. 또 평면 형태의 육지나 바다 위를 직진하다 보면 언젠가는 그 끝에 도달할 거라 여겼다. 땅끝 바깥에 존재하는 암흑 속 미지의 세계도 상상했다. 그곳은 그들에게 미지의 세계였기에 공포의 세계로서 그들을 두려움에 떨게 했다. 만일 옛사람들이 인공위성을 타고 지구가 둥글다는 사실을 직접 눈으로 보았다면 얼마나 놀랐을까? 자신들의 상상이 얼마나 터무니없었는지 깨닫기도 했을 것이다.

인류는 지구가 둥글다는 사실을 안 뒤에도 지구 반대편에 자신이 보기에 물구나무 선 자세로 사람이 살고 있다는 사실은 쉽게 받아들이지 못했다. 지구가 우주 공간에 기둥 없이 떠 있다는 사실은 더더욱 이해하기 힘들었다. 그들은 필시 무언가가 지구를 지탱하고 있다고 믿었다. 그리고 상상은 상상을 낳아 고대 인도인은 지구보다 큰 괴물 거북이나 코끼리가 지지대로 존재한다고 믿었다.

뉴턴도 우물 안 개구리였다

옛사람과 현대인 사이에 큰 지적 능력의 차이가 있다고 볼 수는 없다. 그럼에도 왜 그들은 이처럼 터무니없는 이야기를 믿었을까? 이 답 속에는 우리에게 매우 중요한 교훈이 숨어 있다.

옛사람들이 보인 사고의 오류는 좁은 땅 위에서 얻은 경험적 지식으로 대지 전체의 구조를 설명하려 했기 때문이다. 육안으로 보이는 육지나 바다는 모두 평면이다. 모든 물체는 아래쪽으로 운동하는 본질을 지니고 있다. 이것이 그들의 경험적 지식이었다. 당시에는 물체가 아래쪽으로 운동하는 것을 자연의 성질이라 여겼다. 지구의 인력이 물체를 아래로 잡아당기고 있다는 사실은 전혀 알지 못했다. 이처럼 좁은 경험 지식을 대지 전체에 적용할 수 있다고 믿은 것이 그들이 범한 큰 오류의 원인이었던 것이다.

앞서 설명한 우주 공간의 끝에 대한 의문 역시 이와 같은 잘못된 사고에 기인한다.

그런데 이런 거시 세계뿐 아니라 미시 세계에 대해서도 잘못된 사고를 한다. 초등학교 시절, 교장 선생님이었던 큰아버지가 나에게 이런 이야기를 한 적이 있다.

"원자는 태양계를 작게 줄인 거야. 원자의 중심에는 원자핵이라는 게 있고, 그 주위에는 전자라는 게 돌고 있단다. 원자핵은 태양이고, 전자는 지구 같은 행성에 해당하지. 그러니까 전자 표면에는 아주 작은 초소형 인간이 살고 있을지도 몰라 태양계를 포함한 우주는 초대형 인간의 일부일지도 모르는 거야."

초소형 인간이나 초대형 인간이 존재한다는 이야기는 누구나 미심쩍다고 생각할 것이다. 하지만 원자가 태양계의 축소판이라는 설명은 지금도 일류 신문이나 잡지의 과학기사

속에서 통용되고 있다. 사실 이 또한 현대과학의 관점에서 보면 큰 오류다.

유명한 독일 시인 괴테(1749~1832)는 "자연은 그 전모를 드러내지 않는다"고 말한 바 있다. 우리가 지상에서 시각이나 청각 같은 감각으로 직접 알 수 있는 범위는 자연 전체로 보면 극히 작은 범위다. 그보다 거대한 세계 혹은 아주 작은 세계에서는 자연의 성질이 전혀 다르다. 감각으로 직접 얻은 지식을 자연 전체에 적용하려 들면, 방금 설명한 것처럼 잘못된 사고를 하게 되는 것이다.

고전 물리학의 창시자 아이작 뉴턴(1642~1727)은 이렇게 말했다. "세상 사람들이 나를 어떻게 생각하는지는 모른다. 하지만 나 자신에게 나는 바닷가에서 놀면서 가끔 여느 것보다 더 반질반질한 조약돌을 발견하고, 가끔 여느 것보다 더 아름다운 조개껍질을 발견해 기뻐하는 아이 같다. 그러나 진리의 큰 바다는 그 아이 앞에 탐구되지 않은 채 펼쳐져 있다."

만유인력(모든 물질 사이에 작용하는 힘. 이를테면 태양 주위를 도는 행성의 운행에도 이 힘이 작용한다)의 발견이라는 위대한 업적을 이룬 뉴턴으로서는 매우 겸허한 말이다. 그런데 이 겸허한 뉴턴조차 자신의 말과는 달리, 바닷가에서 얻은 지식으로 큰 바다의 현상을 설명하는 오류를 부지불식간에 범한다. 이는 5장에서 확인해보자. 여러분 또한 아직 많은 오류를 범하고 있지는 않은가?

자연의 흥미로움과 신비를 알려주는 현대 물리학

감각적 세계의 물리학 현상은 뉴턴의 운동 법칙을 기초로 한 물리학으로 설명할 수 있다. 감각적 세계는 상식이 통용되는 세계이므로, 그것을 설명하는 물리학도 이해하기 쉽다. 이런 물리학을 고전 물리학이라고 한다.

그런데 초거시 세계인 우주와 초미시 세계인 소립자 세계는 감각적 세계와는 성질이 다른 세계다. 그리고 그곳에서는 상식적으로는 도저히 믿기 힘들 정도로 기묘한 현상이 일어난다. 그 기묘함은 인간의 어떤 상상보다도 훨씬 기묘하다. 그런 세계는 초감각적 규모의 공간과 시간과 에너지가 뒤섞인, 기묘하면서도 신비하기까지 한 세계다. 이런 세계를 설명하는 데 고전 물리학은 통하지 않는다. 고전 물리학을 확장해 초감각적 세계도 설명할 수 있도록 한 것이 현대 물리학이다.

그렇다면 물리학자들은 왜 그 연구 시야를 한없이 넓히려고 하는 것일까? 이는 자연을 한층 더 깊이 이해하기 위해서다. 그런데 자연은 다층적 구조이고 각 층마다 성질이 다르기 때문에, 아무리 자연에 대한 지식을 넓힌들 감각적 세계 이외의 층에 대한 지식은 우리 생활에 무슨 도움이 될까 싶다.

그러나 여기서 미리 말해두고 싶은 것은 다층적 구조는 서로 무관한 층들이 포개진 것이 아니라는 점이다. 자연은 본디 하나이므로, 각각의 층은 서로 밀접한 관계에 있다. 감각적 세계인 우리 실생활의 장도 초감각적 세계로부터 독립된 것이 아니라 오히려 밀접하게 얽혀 있다. 따라서 물리학을 통해 자연에 대한 이해가 깊어지면, 그 지식이 과학 기술에 응용되어 인간의 생활을 풍요롭게 한다. 이를테면 전자공학(일렉트로닉스)의 발전은 우리에게 인력으로는 불가능한 계산을 해내는 전자계산기를 제공했다. 원자력의 발전도 현대 물리학의 응용이다.

현대 물리학의 위대함은 이뿐만이 아니다. 물리학자가 아닌 사람이라도 그것을 이해하면 초감각적 세계의 현상을 통해 자연의 기묘함, 흥미로움, 한없이 심오한 신비를 알게 된다. 그리고 그처럼 자연의 신비에 도전한 물리학적 연구 방법은 물리학자가 아닌 일반인들의 사고방식에도 큰 기여를 한다. 따라서 현대 물리학은 현대인의 고상한 호기심을 충족시키는 동시에 현대 생활의 살아 있는 교양으로서 유용하다고 할 수 있다.

새로운 이론은 늘 상식을 벗어난다

이 글을 쓰고 있을 때, 원자 물리학의 창시자인 덴마크의 닐스 보어[Niels Bohr] 박사(1885~1962, 1922년 노벨 물리학상 수상)의 타계 소식을 들었다. 몇 년 전 뉴욕에서 열린 물리학회에서 그가 한 연설이 떠올랐다.

그 학회에서 원자 물리학의 대가 오스트리아의 볼프강 파울리[Wolfgang Pauli] 교수(1900~1958, 1945년 노벨 물리학상 수상)가 소립자에 관한 새로운 이론을 발표했다. 약 한 시간의 발표가 끝나자 젊은 물리학자들이 새 이론에 강한 비판을 제기했다. 그 뒤 연설 요청을 받은 보어는 다음과 같이 말했다.

"저는 파울리 교수의 이론이 상식에 어긋난다고 봅니다. 하지만 그 이론이 옳을 수도 있다고 생각할 만큼 충분히 상식에서 벗어났는지가 문제입니다."

이 말인즉슨, 물리학의 진보의 역사에서 초감각적 세계의 현상을 설명하는 새로운 이론은 당시 물리학의 상식에서 보면 늘 충분히 상식에서 벗어났다는 의미다. 따라서 충분히 상식에서 벗어난 논문은 타당한 내용일 가능성이 있는 것이다. 달리 말하면, 충분히 상식에서 벗어나는 것이 타당한 논문이기 위한 필요조건인 셈이다. 충분히 상식에서 벗어나지 않은 것은 타당할 가능성조차 없다. 수년, 수십 년 내에는 상식으로 자리 잡는 새 이론도 발견 당시에는 발견한 당사자조차 진정한 의미를 이해하지 못할 만큼 충분히 상식에서 벗어난 것이었다.

이를테면 현대 물리학의 기초인 아인슈타인의 특수 상대성 이론(5장의 "빛은 진공 속을 전파한다" 참조)은 발견 당시 너무 터무니없는 것으로 보였다. 이 때문에 아인슈타인은 이토록 위대한 발견을 하고도 노벨상을 받지 못했다. 이제 와서 생각해보면 참으로 기묘한 이야기다.

그런데 상식에서 벗어난 것을 생각하기는 쉬워 보인다. 하지만 설령 완전한 사고의 자유가 주어져 우리가 충분히 상식에서 벗어난 것을 생각해내려 애써도 상식과 잠재의식의 범위 밖으로 벗어나기는 힘들다. 그래서 충분히 상식에서 벗어난 것을 생각해내기란 몹시 어려운 일이다.

현대 물리학의 진보는 인간 두뇌의 위대함을 여실히 보여준 것이라 할 수 있다. 그리고 그 두뇌가 작동하는 데 가장 중요한 것은 상상력이다. 이에 대해서 아인슈타인은 다음과 같이 말했다.

"지식보다 상상력이 훨씬 더 중요하다."

자, 우리도 현대 물리학의 초감각적 세계를 헤치고 들어가 상상력을 키워보도록 하자.

우주에는 끝이 있을까?

"우주는 휘어 있다", 아인슈타인의 우주론

인간은 자연을 알고 싶다는 본능적인 지식욕을 품고 있다. 인간의 그 지식욕을 제일 처음, 가장 강하게 자극한 것이 우주다. 선사 시대의 원시인이 산 위에 올라 밤하늘을 우러러보는 광경을 상상해보자. 그의 머릿속에는 어떤 생각이 떠올랐을까? 어쩌면 초인간적인 힘을 지닌 자에 대한 두려움이었는지도 모른다.

이 우주의 신비는 원시인의 마음을 자극했듯이 현대인의 지식욕도 자극한다. 그러나 우리의 마음속에 떠오르는 것은 두려움이 아니다. 끝이 안 보이는 거대함이다. 그리고 우주는 유한한가, 무한한가 하는 의문이다. 이 의문에 대해 처음으로 현대 물리학의 입장에서 답을 한 사람이 그 유명한 아인슈타인이다. 그렇다면 그는 거대한 우주 공간을 어떤 존재라고 생각했을까? 이에 대해 설명해보겠다.

옛사람들이 육지에 끝이 있다고 생각한 이유는 좁은 육지 위에서 얻은 경험적 지식으로 육지 전체의 구조를 생각했기 때문이다. 우주의 끝을 생각하는 것 역시 같은 오류를 범하고 있는 셈이다. 옛사람들이 평면인 줄로만 알았던 육지는 뜻밖에도 휘어진 면, 즉 구면이었다. 구면은 넓이(면적)는 유한하지만 끝이 없다. 마찬가지로 우주 공간 역시 휘어 있어 넓이(부피)는 유한하지만 끝이 없다고 생각할 수는 없을까? 이처럼 기묘한 우주 공간을 생각해낸 아인슈타인은 우주는 유한한가, 무한한가라는 의문에 답한 것이다.

구면인 지구 표면도 그 일부만 보면 평면처럼 보인다. 평면이란 수학적으로 말하면 직선을 그을 수 있는 면이다. 그러나 지구의 형태를 알면 지구 표면에는 직선을 그을 수 없음을 알게 된다. 우리가 알고 있는 공간은 직선을 그을 수 있다. 하지만 지구 표면과 마찬가지로, 우주의 극히 일부 공간을 관찰할 때만 그렇게 보일 뿐 우주 공간 전체는 직선을 그을 수 없는 성질의 것이라고 볼 수는 없을까?

이런 생각을 근거로 하여 아인슈타인은 면面에는 평평한 면과 휘어진 면이 있듯이 공간에도 평평한 공간과 휘어진 공간이 있으며, 우리 경험의 범주 내에서는 우주가 평평한

아인슈타인은 공간이 휘어 있다고 말했다.

공간 같지만 우주 전체로 보면 휘어진 공간이라고 생각한 것이다.

그렇다면 아인슈타인이 말한, 넓이는 유한하지만 그 끝이 없는 공간은 어떻게 휘어 있을까? 갑자기 공간의 휘어짐을 이해하기란 상당히 어려운 일이다. 여기서는 먼저 면에 대해 살펴보도록 하자.

'휘어짐이 마이너스인 면'은 말의 안장 모양이다

면에는 크게 평면과 곡면이 있다. 우리가 보기에 곡면에는 그야말로 수많은 형태가 존재한다. 그런데 수학자는 평면도 포함해 모든 면을 세 종류로 분류한다. 이 분류는 면의 생김새나 외관상 면이 휘어진 모양에 따른 분류가 아니다. 면이 외관상 어떤 생김새이고, 어떤 모양으로 휘었는지는 상관없다.

지금 면 위에 원을 그려보자. 기초 수학을 배운 사람이라면 누구나 알고 있듯이, 평면 위에 그린 원의 넓이는 반지름의 제곱에 비례해 커진다(원의 넓이=반지름의 제곱×원주율). 그렇다면 곡면 위에 원을 그리면 그 원의 넓이는 어떻게 될까? 이 경우에는 두 가지 가능성밖에 없다. 즉 원의 넓이가 반지름의 제곱에 비례해 (평면일 때보다) 더 커지거나, 반대로 더 작아진다. 그래서 수학자는 전자를 휘어짐이 마이너스인 면, 후자를 휘어짐이 플러스인 면이라고 부르기로 했다. 그리고 평면은 휘어짐이 0인 면이다.

우리는 평면 위에서 똑바로 한없이 나아가면 무한의 저편으로 가서 두 번 다시 원래 위치로 돌아오지 않는다는 사실을 알고 있다. 수학자는 휘어짐이 마이너스인 면도 이와 동일한 성질이 있다고 증명한다. 즉 이런 면은 무한히 펼쳐진 면이다. 그럼 휘어짐이 마이너스인 면이란 어떤 면일까? 그 좋은 예는 말안장처럼 생긴 면이다. 이를 말안장형 면이라고 한다. 말안장이나 자전거 안장의 면은 그 면의 일부분이다.

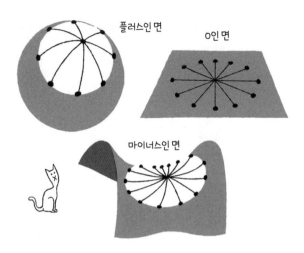

세 종류의 면과 공간: 면은 휘어진 상태에 따라 세 종류로 나뉜다. 평면은 휘어짐이 0인 면이다. 휘어짐이 플러스인 면과 휘어짐이 마이너스인 면은 면 위에 그린 원 넓이의 크고 작음으로 구별한다. 공간에도 이런 면의 종류에 해당하는 세 종류의 휘어짐이 있다고 생각할 수 있다.

    그런데 휘어짐이 플러스인 면은 앞의 두 가지 면과는 다른 성질을 지니고 있다. 휘어짐이 플러스인 면의 가장 좋은 예는 구면이다. 구면 위를 한 방향으로 나아가면 다시 출발점으로 돌아온다. 한 방향으로 나아가 다시 출발점으로 돌아오는 면은 넓이는 유한하지만 끝이 없다는 성질을 지닌 면이다. 앞의 두 가지 면은 넓이가 유한하다면 그 끝이 있다.

    자, 면에 이런 종류가 있다면 공간에도 여러 종류가 있지 않을까? 수학자는 면을 세 종류로 구별하는 방식을 공간에도 적용해 세 종류의 공간을 생각할 수 있다고 말한다. 그것은 휘어짐이 0, 플러스, 마이너스인 공간이다. 우리가 상식적으로 생각하는 우주 공간은 휘어짐이 0인 공간에 해당한다. 아인슈타인이 생각한 우주 공간은 부피는 유한하나 끝이 없는 기묘한 성질을 지녔다. 이런 성질은 면으로 말하면 휘어짐이 플러스인 면이다. 이를 공간에 적용하면, 아인슈타인이 생각한 우주 공간은 수학적으로 말해서 휘어짐이 플러스인 공간이다.

우리에게는 공간의 휘어짐이 보이지 않는다

그런데 우주가 플러스로 휘어 있는 공간, 면으로 말하면 구면 같은 것이라고 설명하면, 우리가 일상에서 흔히 보는 공처럼 생긴 구체 속 공간이라고 오해하는 사람이 많다. 요컨대 우주 공간의 생김새가 구체라고 착각하는 것이다. 그러나 구체는 구면으로 둘러싸인 공간으로, 그 공간이 반드시 휘어 있으란 법은 없다. 공간이 휘었는지 아닌지는 형태의 문제가 아니라 성질의 문제인 것이다. 면의 경우에도 그 면이 휘었는지는 그 면이 삼각형인지, 사각형인지, 원형인지와 상관없이 결정할 수 있었다.

그럼 플러스로 휜 공간과 구면으로 둘러싸인 공간의 성

질을 비교해서 생각해보자. 플러스로 휜 공간은 넓이(부피)는 유한하지만 끝이 없는 공간이다. 그런데 만일 우주가 구면으로 눌러싸인 공간(구체)이라면 넓이(부피)가 유한한 것은 마찬가지지만 그 끝이 존재하게 된다(그 끝은 구면이다). 따라서 우주가 플러스로 휘었다고 해도 그 형태가 구체라는 의미는 아님을 알 수 있다.

그렇다면 플러스로 휜 우주는 어떤 형태로 휘어 있을까? 이에 대해서는 우리에게 설명할 **단어**가 없다. 그 이유를 알아보자. 먼저 공간의 차원에 대해 이해할 필요가 있다. 수학에서는 선이나 면 모두 공간으로 여긴다. 지금까지는 이야기를 쉽게 풀어나가기 위해 면과 공간을 구별해서 설명해왔다. 그러나 수학적 표현에 따르면 선은 1차원 공간, 면은 2차원 공간이며, 우리가 보통 공간이라고 부르는 것은 3차원이다. 1차원 공간에는 길이밖에 없다. 2차원은 면이므로 길이와 폭, 두 방향이 존재한다. 3차원에는 길이와 폭, 높이라는 세 방향이 존재한다. 2차원 공간에서는 한 점에서 직교(직각으로 교차하는 것)할 수 있는 직선의 최대 수가 둘이며, 3차원 공간에서는 셋이다.

그런데 누군가가 2차원 공간(면)에 살고 있다고 상상해보자. 그에게는 높이라는 것이 존재하지 않는다. 따라서 그

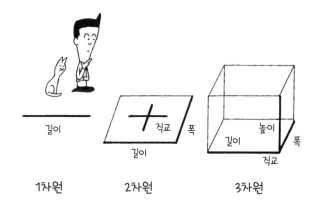

수학에서는 선과 면 모두 공간으로 여긴다. 보통 우리가 공간이라고 말하는 것은 3차원 공간이다.

가 살고 있는 2차원 공간이 구면이라 해도 휘어진 면을 눈으로 볼 수는 없다. 그러므로 어떤 형태로 휘어 있는지 설명할 길이 없다. 단 그 휘어짐의 성질은 원의 넓이를 계산함으로써 수학적으로 알 수는 있다. 만일 그가 구면의 휘어짐을 눈으로 볼 수 있다면, 즉 구면의 형태를 알 수 있다면 그는 높이를 가진 인간이 되었다는 의미다. 우리처럼 3차원 인간이 된 것이다. 이 이야기는 자신이 살고 있는 차원의 공간의 휘어짐을 볼 수 없음을 뜻한다. 차원이 낮은 공간의 휘어짐을 보는 일은 가능하다.

3차원 공간의 휘어짐 역시 마찬가지다. 3차원 공간에 살고 있는 우리는 3차원 공간의 휘어짐이 어떤 형태인지 상상할 수 없다. 3차원 공간이 어떤 형태로 휘어 있는지 눈으로 볼 수 있는 사람이 있다면, 그는 4차원 공간의 사람이어야 한다. 4차원 공간이란 길이, 폭, 높이 외에 또 하나의 방향을 가진 공간이다. 요컨대 한 점에서 직교하는 직선이 4개 존재할 수 있는 공간이다.

TIP 아인슈타인의 우주론에서도 4차원 공간의 개념이 쓰이고 있다. 그러나 그의 4차원 공간은 3차원 공간에 시간을 하나의 차원으로 더해 만든 4차원이다. 따라서 여기서 말하는 4차원 공간과는 의미가 다르다.

앞을 보면 자신의 뒤통수가 보이는 불가사의한 공간

그렇다면 휘어진 3차원 공간에는 어떤 성질이 있는지 생각해보자. 앞에서와 마찬가지로 면의 성질을 적용해 생각해보자. 휘어진 면 위에서는 직선이 존재할 수 없다. 억지로 직선을 그으면 면에서 삐져나온다. 즉 2차원 공간에서 3차원 공간으로 튕겨나가는 것이다. 마찬가지로 휘어진 공간 내에서도 직선이 존재할 수 없다.

그런데 구면(플러스로 휘어진 면) 위에서 면에서 떨어지지 않고 끝까지 한 방향으로 가면, 지구 일주 여행처럼 언젠가는 출발점으로 되돌아온다. 이와 마찬가지로 플러스로 휜 우주 공간을 끝까지 한 방향으로 나아간다면 언젠가는 출발점으로 되돌아온다. 그렇다면 한 가지 매우 기묘한 일을 상상할 수 있다.

만일 우주의 끝을 보기 위해 아득히 먼 곳까지 보이는 망원경을 만들었다고 하자. 그 망원경으로 임의의 방향을 들여다보면 자신의 뒤통수가 보인다. 휘어진 공간 내에서는 빛조차 직진할 수 없어 출발점으로 되돌아오기 때문이다. 만일 직진할 수 있다면 휘어진 공간 안에 직선이 존재하게 된다. 이는 휘어진 공간의 성질에 모순된다. 그러므로 그곳은 휘어

우주가 플러스로 휘어 있다면, 우주의 끝을 봤을 때 내 뒤통수가 보인다.

진 공간이 아니게 된다.

그렇다면 플러스로 휜 공간 속을 억지로 직진한다면 어떻게 될까? 여러분은 반드시 이런 의문을 가질 것이다. 우선 휘어진 면인 구면에 대해 생각해보자. 구면에서 직진한다는 것은 면의 접선 방향(구면 위 한 점에서 중심을 향해 그은 선에 직각인 방향)으로 나아가는 것이다. 그렇게 하면 면에서 떨어져 밖으로 나가버린다. 이는 이미 설명한 바와 같이, 2차원 공간에서 3차원 공간으로 돌입하는 것이다. 이 사례를 통해 유추해보면, 휘어진 3차원 공간인 우주를 억지로 직진하면 4차원으로 들어가게 된다.

그런데 텔레비전이나 영화 스크린 속 인간이 스크린 면(2차원 공간)에서 3차원 공간으로 튀어나올 수 없듯이, 3차원 공간에 살고 있는 우리가 4차원 공간으로 들어가는 일은 불가능하다. 설사 4차원 공간이 실재한다 해도 우리는 그곳에 갈 수 없다.

그러나 수학에서는 4차원 공간뿐 아니라 5차원 공간부터 무한대 차원의 공간까지 생각할 수 있다. 이는 수학이 어느 가정 위에 세워진 하나의 논리 체계이기 때문이다. 가정을 달리함으로써 다양한 수학을 만들 수 있는 것이다. 따라서 다양한 공간도 만들 수 있다. 이처럼 인간의 발명품인 공간과 자연에 실재하는 공간은 본디 무관하다. 수학에서 4차원 공간을 생각할 수 있다고 해서 자연에 4차원 공간이 실재해야 할 이유가 되지는 않는다.

마찬가지로 수학에서 휘어진 공간을 생각할 수 있다는 이유로 우리가 사는 실제 우주 공간이 휘었다고 말할 수는 없다. 따라서 아인슈타인이 우주론에서 설명한 대로 우주 공간이 플러스로 휘었는지는 우주를 실제로 관측해봐야 알 수 있다.

자, 실제로 관측한 결과는 어떠했을까? 또 어떻게 관측한 걸까? 이를 설명하기 위해서는 우선 우주의 구조에 대한 지식이 필요하다. 다음으로 우주의 구조를 잠시 살펴보기로 하자.

은하계가 한 번 회전하려면 2억 년이 걸린다

밤하늘에 반짝이는 별들은 항성과 행성으로 나눌 수 있다. 항성은 태양처럼 스스로 빛을 내는 별이며, 행성은 지구처럼 항성 주위를 돌고 있는 별이다. 우리가 볼 수 있는 것은 태양에 비교적 가까운 항성과 태양계의 행성뿐이다. 인접한 항성과 항성 사이의 거리는 수광년(빛의 속도로 날아서 수년 걸리는 거리)이다.

태양과 가장 가까운 항성(센타우루스자리 알파)[1]은 약 4광년(약 40조 킬로미터) 떨어져 있다. 태양 주변에는 주요 행성이 9개 있다. 태양에 가까운 순서부터 수성, 금성, 지구, 화성, 목성, 토성, 천왕성, 해왕성, 명왕성[2]이다. 그리고 태양으로부터 가장 바깥쪽에 있는 명왕성까지의 거리는 약 1만분의 6광년(60억 킬로미터)이다. 그렇다면 태양 이외의 항성도 행성을 거느리고 있을까? 비교적 많은 항성들이 행성을 거느리고 있는 것으로 추측된다. 그러나 태양과 가장 가까운 항성까지의 거리도 무려 4광년이므로, 그 항성이 거느리고 있는 행성을 지구에서 관찰하기란 불가능하다.[3]

우리가 밤하늘에서 육안으로 볼 수 있는 별들은 태양의 행성 외에는 전부 은하계라고 부르는 큰 무리의 항성 일부다(이 책에서는 앞으로 항성을 그냥 별이라고 부르기로 하겠다). 이 은하계의 형태는 은하계에서 멀리 떨어진 위치에서 보면 얇은 원반 모양을 하고 있다. 그래서 은하계는 옆에서 보면 띠 모양으로 별들이 밀집해 있다. 우리가 은하수라고 부르는 것

---

1 현대에는 '켄타우루스자리 알파'라고 한다.
2 국제천문연맹(IAU) 총회의 결정에 따라 이제 명왕성은 '행성'이 아닌 '준행성'이 되었다.
3 관측 장치의 발달로 태양계 밖 행성이 많이 발견되었다. 이 외계 행성들의 발견은 2019년 노벨 물리학상 수상 이유 중 하나다.

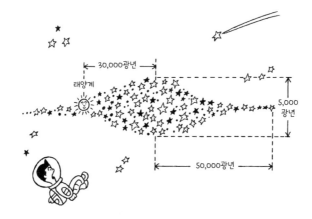

은하계는 멀리서 보면 얇은 원반 모양이다.

이 바로 이 모습이다. 이 원반의 지름은 약 10만 광년이며, 두께는 약 3,000광년에서 5,000광년이라고 밝혀졌다. 원반의 중심부에는 별들이 밀집해 있으며, 주변으로 갈수록 띄엄띄엄 분포한다.

원반 모양의 은하계를 바로 위에서 내려다보면 중심에서 주변을 향해 별들이 나선형으로 분포하고 있다. 그리고 우리의 태양은 그 나선팔의 끝 쪽에 자리한다.

왜 나선형인가 하면, 은하계 전체로 볼 때 중심부일수록 빠른 회전 운동을 하고 있기 때문이다. 그래서 주변 팔은 빠르게 회전하고 있는 중심부로 끌려가며 회전해 은하계 전체는 나선형을 이루는 것이다.[4] 은하계 전체는 한 번 회전하는 데 약 2억 년이 걸린다. 이런 은하계의 구조는 망원경으로는 관측하기 힘들었으나, 최근 전파 망원경(4장의 "우주의 방랑자들" 참조)이 발달하면서 비로소 그 구조가 밝혀지게 되었다.[5]

우주 전체의 별의 개수는 1조의 1,000억 배

그렇다면 은하계 바깥의 우주 공간에는 무엇이 존재할까? 천문학자가 은하계 밖까지 손을 뻗기 시작한 것은 불과 30년 전부터다. 그리고 관측 결과, 우주의 구조에 대해 예상치 못한 중대한 단서를 발견했다.

은하계 바깥의 광대한 우주 공간에 은하계와 같은 종류의 별 무리가 셀 수 없을 만큼 산재해 있었던 것이다. 이를 섬 우주라고 부르는 사람도 있다. 이 발견은 미국 천문학자 에드윈 허블Edwin Hubble(1889~1953)의 업적이다. 그는 캘리포니아의 윌슨 산 천문대에서 관측을 하고 있었다. 그러다가

---

4 이 가설에서는 은하의 나선을 유지하기 힘들다는 사실이 밝혀졌다. 은하의 나선에 대해서는 그 뒤 몇 가지 유력한 메커니즘이 제안되었는데, 아직 해명되지 않았다. 지금도 연구가 진행 중이다.

5 유럽우주국(ESA)이 2013년에 발사한 가이아 위성이 별 십수억 개의 위치를 측정하면서 은하계의 구조가 서서히 밝혀져왔다.

1924년, 이제까지 성운星雲[6]이라 불리며 가스 덩어리로 믿었던 것이 실은 큰 별 무리임을 사진으로 증명했다.

그 뒤 허블의 연구로 우주의 성운 분포에 대해 대략 다음과 같은 사실이 밝혀졌다. 비교적 은하계에 가까운 우주 공간에서 성운은 대개 균일한 밀도로 분포한다는 것과 성운 사이의 평균 거리는 약 200만 광년이라는 점, 그리고 성운의 수는 세계 최대 망원경(미국의 팔로마 천문대에 있는 200인치 반사 망원경)으로 보이는 범위만 해도 약 1조(1 다음에 0이 12개 붙는다. 이를 표현하면 1×10^{12}이다) 개나 산재해 있다는 것이다. 그런데 그 성운 하나가 은하계와 마찬가지로 1,000억(1×10^{11}) 개 정도의 별 무리이므로, 우주 전체의 별 개수는 1조의 1,000억(1×10^{23}) 배보다 많다는 결론이 나온다.[7] 정신이 아득해질 만큼 큰 숫자가 아닐 수 없다. 이 성운에 대한 지식을 통해 우주 공간이 휘어 있는지 실측하는 방법을 고안해낼 수 있었다.

우리가 중학교, 고등학교에서 배운 기하학은 휘어짐이 0인 평면이나 공간 내에 그려진 도형의 기하학이다. 이를 유

---

6 이 책에서 말하는 '성운'은 현재 '은하'라고 부른다.
7 미국 항공우주국(NASA)의 발표에 따르면, 우주에 존재하는 은하의 수는 2조 개라고 한다.

클리드 기하학이라고 한다. 이와 반대로 플러스 또는 마이너스로 휜 경우의 기하학은 비유클리드 기하학이라고 한다. 그런데 유클리드 기하학의 정리는 비유클리드 기하학에서는 성립하지 않는 경우가 있다. 이를테면 앞서 설명한 바와 같이, 평면 위에서 원의 넓이는 반지름의 제곱에 비례하지만, 다른 면 위에서는 비례하지 않는다. 그 관계는 다음과 같다.

· 평면(휘어짐이 0)인 경우: 반지름의 제곱에 비례한다.

· 구면(휘어짐이 플러스)인 경우: 반지름의 제곱에 비례하는 값보다 작다.

· 말안장형 면(휘어짐이 마이너스)인 경우: 반지름의 제곱에 비례하는 값보다 크다.

그런데 공간에 구면을 그린 뒤 그 면을 둘러싼 구의 부피를 측정한다고 하자. 면의 경우를 통해 유추해보면 다음과 같이 말할 수 있다.

· 휘어짐이 0인 공간: 반지름의 세제곱에 비례한다.

· 휘어짐이 플러스인 공간: 반지름의 세제곱에 비례하는 값보다 작다.

· 휘어짐이 마이너스인 공간: 반지름의 세제곱에 비례하는 값보
다 크다.

아인슈타인의 예상을 뒤엎은 실측 결과

이런 공간의 기하학적 성질을 이용하면 실제 우주 공간
이 휘어 있는지 알아낼 수 있다. 우주 공간에서 실측할 수 있
는 범위 내에 어느 점을 중심으로 반지름이 다른 가상의 구
가 몇 개 있다고 생각해보자. 그리고 그 구의 부피가 반지름
의 세제곱에 비례해 어떻게 변화하는지 조사한다. 그 결과에
따라 우주 공간의 휘어짐을 알 수 있다.

그런데 우주 공간 내 가상의 거대한 구의 부피를 어떻게
측정할 수 있을까? 이미 설명한 바와 같이, 현재 관측할 수
있는 범위에서는 성운이 균일한 밀도로 분포하고 있다. 그
성운 간의 평균 거리가 약 200만 광년이라는 사실도 알고 있
다. 그 관측 결과가 우주 전체에 적용된다고 가정하면, 이 우
주 공간 내 구의 부피는 그 구 안에 존재하는 성운의 수에 비
례하게 된다. 즉 구의 부피가 커질수록 그 부피 내 성운의 수
도 비례해서 커진다. 반대로 구 안의 성운의 수를 실측하면
구의 부피를 알 수 있다.

예컨대 지구를 중심으로 반지름 1억 광년인 구 안에 존

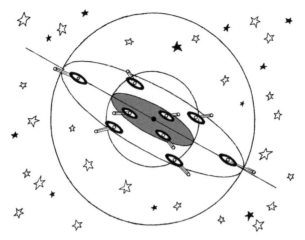

우주 공간의 휘어짐을 조사하기 위해서는 반지름이 다른 2개의 구를 우주에 그리고, 그 속에 있는 성운의 수를 조사해 구의 부피를 비교하면 된다.

재하는 성운의 수와 반지름 5억 광년인 구 안의 성운의 수를 실측해 비교한다. 우구 공간이 휘어 있지 않은 경우, 바꿔 말하면 휘어짐이 0인 경우에 성운의 수는 후자가 전자의 125(5^3)배가 된다. 만일 플러스로 휘었다면 125배보다 작고, 마이너스로 휘었다면 125배보다 클 것이다.

이런 방법으로 미국 천문학자가 우주 공간의 휘어짐을 조사한 바에 따르면, 뜻밖에도 아인슈타인의 예상과는 달리 휘어짐이 0 또는 아주 조금 마이너스라는 결과가 나왔다. 이 관측 결과는 아직 충분히 신뢰할 만큼 확실하지는 않다. 그러나 망원경으로 보이는 범위 내에서는 적어도 우주 공간은 그다지 휘어 있지 않다고 할 수 있다.

하지만 이것만으로 우주 전체의 휘어짐에 대해 안이한 결론을 내리는 것은 금물이다. 지금의 망원경으로는 볼 수 없는 머나먼 우주 공간이 어떤 형태인지 전혀 알 수 없기 때문이다.[8]

그런데 아인슈타인의 우주론은 이처럼 휘어짐에서만 관측 결과와 어긋나는 것은 아니다. 현재는 우주 관측이 더 진전되면서 아인슈타인이 생각지도 못한 판타스틱한(공상적인) 현상이 발견되고 있다. 그리고 그 현상을 고려하지 않은 아인슈타인의 우주론은 정적靜的 우주론이라 불리며 과거의 유물이 되었다. 그러나 우주 공간을 사고하는 방법으로 비유클리드 기하학을 사용한 점은 우주에 대한 물리학의 시야를 상당히 넓혀주었다. 그런 의미에서 아인슈타인의 우주론이 세운 업적은 실로 크다고 할 수밖에 없다. 자, 다음에는 새로 발견된 공상적인 현상에 대해 살펴보자.

8　최신 관측에서도 우주의 곡률은 거의 0이라는 결과를 얻었다. 그러나 그 이유는 알려지지 않았다.

우주는 팽창하고 있다

20억 광년 떨어진 성운도 망원경으로 볼 수 있다

성운의 존재를 발견한 허블은 특히 성운의 운동을 관측하는 일에 열중했다. 이 관측에는 밀턴 휴메이슨[Milton L. Humason](1891~1972)이 협력했다. 그리고 매우 신비한 현상을 발견했는데, 바로 우주가 팽창하고 있다는 것이었다. 그는 먼저 모든 성운에서 오는 희미한 빛이 약간 붉은 기를 띤다는 점을 발견했다.

별(항성)은 태양과 마찬가지로 스스로 빛과 열을 내는 등 태양과 대체로 비슷한 특징을 가지고 있는데, 별에서 발하는 빛도 태양 광선과 같은 백색 광선이다. 따라서 큰 별 무리인 은하계 이외의 성운(섬 우주)에서 오는 빛의 색깔도 태양 광선처럼 백색이라는 말이 된다. 그런데 그 빛이 짐작하는 것과 다르게 약간의 붉은 기를 띠고 있는 것이다. 이 현상을 적색변위[9]라고 한다.

백색 광선은 일곱 가지 색(빨, 주, 노, 초, 파, 남, 보)의 빛이 합성된 것이다. 일곱 색 중 파랑, 보라 부분을 없애면 그 빛은 붉은 기를 띤다. 그런데 이 경우에는 적색변위라고 하지 않는다.

적색변위란 일곱 가지 색의 빛의 파장이 모두 길어지는 것이다. 그런데 빨강은 일곱 가지 색 중 가장 파장이 길다. 따라서 일곱 가지 색의 빛이 모두 파장이 길어진다는 것은 일곱 색이 전부 빨강 쪽으로 이동한다는 의미다. 그러면 일곱 색이 겹쳐져 전체가 백색이었던 광선이 붉은 빛을 띠게 되는 것이다.

적색변위가 일어나는 원인은 하나가 아니지만, 성운에서 오는 빛의 적색변위는 도플러 효과라는 현상 때문에 일어난다는 것이 밝혀졌다. 도플러 효과란 이를테면 다음과 같은 현상을 말한다. 내가 타고 있는 열차가 다른 열차와 스쳐 지나갈 때를 생각해보자. 대부분의 사람들은 경험해봤겠지만, 스쳐 지나가기 전에는 맞은편 열차가 내는 경적 소리가 높게, 스쳐 지나간 뒤에는 낮게 들린다. 이 현상을 도플러 효과

---

9   현대에는 '적색편이(또는 적색이동)'라고 한다.

라고 한다.

도플러 효과가 발생하는 이유는 경적으로부터 앞쪽(열차의 진행 방향)으로 나가는 음파는 압축되어 파장이 짧아지고, 반대로 뒤쪽으로 나가는 음파는 늘어져 파장이 길어지기 때문이다. 인간의 귀에는 파장이 짧은 음파는 높게, 파장이 긴 음파는 낮게 들린다. 그래서 같은 경적 소리가 높아졌다 낮아졌다 하는 것이다.

빛도 파동이므로 음파와 마찬가지로 도플러 효과가 일어난다. 따라서 지구에서 본 성운의 빛에서 적색변위가 나타난다면 빛의 파장이 길어진 것으로, 그 성운은 지구에서 후퇴하고 있음을 뜻한다. 허블과 휴메이슨이 관측한 결과에 따르면, 모든 성운이 후퇴 운동을 하고 있다.

허블은 휴메이슨과 협력해 1929년에 그들의 관측 사실을 기초로 성운의 후퇴 운동을 나타내는 방정식을 발표했다. 이는 허블-휴메이슨 방정식[10]이라고 하며, 매우 중요한 식이다.

이 방정식은 성운과 지구의 거리와 그 성운의 후퇴 속도의 관계를 나타내는 식이다. 이 방정식으로 계산해보면, 성운의 후퇴 속도는 거리가 먼 성운일수록 빠르다. 따라서 흡

10 지금은 '허블-르메트르 법칙'이라고 부른다.

미국 천문학자 허블은 우주가 풍선처럼 팽창하고 있다는 사실을 발견했다.

사 각 성운, 즉 우주 전체가 은하계를 중심으로 팽창하고 있는 것처럼 보인다.

이를 우리의 일상 속 친숙한 사례로 생각해보면 다음과 같다.

지금 풍선 하나에 까만 점을 많이 찍는다. 그리고 풍선을 분다. 풍선이 부풀어 오를수록 처음에는 가까웠던 점들의 간격이 멀어진다. 만일 어느 임의의 한 점을 중심에 두고, 그 점에서 멀어져가는 각 점들의 운동을 관찰한다고 하자. 그러면 중심에서 멀리 있는 점일수록 빠른 속도로 멀어지는 것을 볼 수 있다. 이 풍선을 그대로 우주로 바꿔서 풍선 위 점들이 성운을 나타낸다고 상상해보자. 허블-휴메이슨 방정식은 우주가 풍선처럼 팽창하고 있음을 보여주는 식이다. 이것이 얼마나 우리의 감각을 아득히 뛰어넘는 현상인지 예를 들어 보겠다.

미국 팔로마 천문대에 있는 세계 최대 망원경을 이용하면 무려 20억 광년이나 떨어진, 희미하게 빛나는 성운의 모습을 사진에 담을 수 있다. 그러나 그것은 20억 년 전의 모습이다. 더구나 우주는 팽창하고 있으므로, 그 성운은 현재 그곳에 존재하지 않는다.

허블-휴메이슨 방정식으로 계산해보면, 그 성운의 현재 위치는 약 33억 광년 거리에 있다. 지금 그 성운이 발하는 빛이 지구에 도달할 때는 지금으로부터 무려 33억 년이나 흐른 뒤다. 말이 33억 년이지, 그때는 인류가 그 빛을 보는 일이 불가능하리라. 지금까지 지구상 생물의 역사를 보더라도 한 종류의 생물이 그토록 오랜 기간 생존한 적이 없기 때문이다.

천문학적 시간과 공간이 얼마나 거대한지 느껴지지 않는가?

우주의 나이는 250억 살, 크기는 반지름이 50억 광년

이처럼 우주는 계속 팽창하고 있는데, 이 팽창이 과거에서 현재에 이르기까지 동일한 속도로 지속되고 있다고 가정하면 우주의 탄생일을 계산할 수 있다. 영화 필름을 거꾸로 돌려 영사하면 시간을 역진하는 광경을 볼 수 있다. 이와 마찬가지로 우주의 시간을 거슬러 올라가는 광경을 상상해보자. 우주가 수축을 시작해 먼 곳의 성운일수록 빠른 속도로, 가까운 성운일수록 느린 속도로 모든 성운이 우주의 어느 한 점으로 모여드는 광경이 눈앞에 펼쳐질 것이다. 이 광경은 조금 전에 설명한, 부풀어 오른 풍선이 쪼그라들 때와 흡사하다.

지금 수축을 시작한다면, 이 우주의 수축이 완료될 때까지 어느 정도의 시간이 걸릴까? 허블―휴메이슨 방정식으로 계산하면 지금으로부터 약 50억 년 전이 된다. 이 숫자가 우주의 나이를 알려주는 셈이다. 언뜻 영원불변할 것 같은 우주에도 탄생일이 있는 것이다. 이 우주의 초감각적 시간 규모와 비교하면 인류의 역사는 한순간일 뿐이다. 그 눈 깜짝할 새에 인류가 우주의 나이를 알 수 있었다는 것은 참으로 경이로운 일이다.

50억 년은 허블―휴메이슨 방정식으로 산출한 우주의

나이인데, 다른 방법으로 측정한 우주의 나이는 이보다 큰 수치다. 다른 방법이란 성운의 나이를 통해 측정하는 방법이다. 별은 살아 있는 생물처럼 변화해간다. 그래서 별마다 나이가 있고, 그 별의 큰 무리인 성운에도 나이가 있다. 그렇다면 가장 오래된 성운의 나이가 우주의 나이와 같다고 볼 수 있다.

우리 은하계는 비교적 젊은 성운으로, 나이는 어림잡아 50억 살이다. 그런데 오래된 성운의 나이는 250억 살 정도다. 따라서 이 관점에서 보면, 지금으로부터 250억 년 전에 이미 우주가 존재했다는 이야기가 된다. 이 계산대로라면 은하계는 우주의 탄생보다 200억 년 늦게 태어났다. 우주의 시간과 공간은 초감각적인 거대함을 지닌다. 아무리 정밀한 기계를 이용해 관측한다 해도 그 측정치에는 상당한 오차가 생긴다. 그 점을 고려하면, 관측 방법에 따라 우주의 나이가 다소 달라지는 점도 이해가 간다.

그렇다면 계속 팽창하고 있는 우주 공간의 크기는 지금 대체 어느 정도일까? 우주의 나이를 50억 년이라고 가정하고 생각해보자. 우주는 50억 년 전에는 극도로 수축된 상태였으므로, 초고온 상태의 소립자만으로 이루어지고 태양계 정도의 부피를 지닌 용광로였다. 그것이 급격히 팽창하기 시작한 것이다. 현재 망원경으로 보이는 가장 먼 곳에 자리한 성운의 현재 속도는 도플러 효과를 측정한 결과, 광속도의 약 5분의 3 정도다. 그런데 현재 보이는 성운보다 더 먼 곳에 또 다른 성운이 있을 것이다. 허블―휴메이슨 방정식에 따르면, 멀리 있는 성운일수록 더 빨리 멀어지므로, 보이지 않는 성운은 광속도의 5분의 3 이상의 속도로 멀어지고 있는 것이다.

가장 바깥쪽에 있는 성운은 당연히 가장 빠른 속도로 멀어지고 있다. 그 속도를 알면 우주의 크기를 알 수 있다. 그런데 어떤 물체도 광속도 혹은 그 이상의 속도로 날아갈 수 없다는 사실이, 뒤에서 설명할 특수 상대성 이론에서 증명되었다. 따라서 가장 바깥쪽에 있는 성운의 속도는 광속도의 5분의 3보다는 크고, 광속도보다는 작다고 추정된다. 허블―휴메이슨 방정식으로 계산하면 그 속도는 거의 광속도에 가깝다.

이상의 지식을 토대로 우주의 크기를 생각해보자. 우주가 휘었는지는 아직 확실하지 않으니, 여기서는 일단 휘어지지 않았다고 가정하자. 그러면 다음과 같이 말할 수 있다. 현재의 우주 공간이 한 점에서 팽창해왔다고 한다면, 그 형태는 구 모양이며 반지름은 대략 광속도에 50억 년을 곱한 값,

즉 50억 광년이다.[11]

우주 바깥에는 물질도 공간도 없다

그러나 이 이야기는 두 가지 가정을 전제로 하고 있다. 하나는 50억 년 전 초고온 용광로였던 우주의 크기가 태양 정도였다는 것이다. 이 크기는 현재 알아낼 방법이 없다. 이 크기가 좀 더 크다면 현재의 우주 공간은 반지름이 50억 광년보다 크다. 또 50억 년 전에 우주가 무한대의 크기였다면 지금도 우주 공간의 크기는 무한대다. 크기가 무한대인 공간은 상식적으로는 생각하기 힘들다. 그러나 우주 자체가 초감각적인 것이므로, 상식적으로 생각하기 힘든 일이 일어날 법하다. 만약 우주 공간이 무한대라면 우주의 끝은 없다.

또 하나는 여기서는 어디까지나 우주 공간이 휘어지지 않았다고 가정한다는 점이다. 어쩌면 우주 공간은 관측할 수 없는 20억 광년 이상 멀리서 플러스로 휘었을 가능성도 있다. 그럴 경우에는 아인슈타인의 생각처럼 부피는 유한하

---

11 우주론에 관한 연구는 그 후 대폭 발전해, 우주의 나이는 138억 년으로 판명되었다. 이 138억 년에 광속도를 곱한 것을 우주의 크기로 어림잡으면 138억 광년이 된다. 이 책에서는 뒤에서도 우주의 나이를 50억 년이라고 표기하는 곳이 있으니 주의하기 바란다.

지만 끝이 없는 우주 공간이 된다. 이 경우 앞서 설명한 바와 같이, 그 우주 공간의 성질은 설명할 수 있어도 형태는 설명할 수 없다.

그렇다면 다음과 같이 결론지을 수 있다. 현재 우주 공간의 형태가 어떠하든, 그 부피는 반지름 50억 광년인 구체보다 작지 않다는 것이다. 그런데 만일 우주 공간의 부피가 무한대가 아니며 아무리 멀리 가도 플러스로 휘지 않았다면, 우주 공간에 끝이 있다는 말이 된다. 그 경우, 그 끝 너머에 무엇이 있을까?

물리학적으로 생각해서, 만일 우주 공간에 끝이 있다면 그 너머에는 물리학적 방법으로 인식할 수 없는 무엇이 있다고 답할 수밖에 없다. 물리학적 방법으로 인식할 수 있는 것은 물질과 공간이다. 물질과 공간이 존재하지 않는 우주 공간의 끝에, 더구나 물질도 공간도 아닌, 물리학적으로 알 길이 없는 다른 무언가가 존재할 리는 없다. 물질과 공간의 관계는 나중에 설명하겠다(7장 이하). 그 부분을 읽은 뒤에 다시 한번 이 의미를 되새겨보기 바란다.

미시 세계는 상식을 파고한다

물질의 최소 단위는 무엇일까?

먼지 한 톨에도 하나의 우주가 있다

우리 주변에 존재하는 다양한 물질은 어찌됐든 우리 감각의 범위 내에 있으므로, 초감각적인 거대 우주에 비하면 그리 상식을 벗어난 성질은 없어 보인다. 그리고 일반인에게도 물질이란 원소(한 종류의 원자로 이루어진 것) 또는 화합물(두 종류 이상의 원자로 이루어진 것)이라는 사실은 잘 알려져 있다. 그러나 현대 물리학에서 말하면, 이처럼 자명하다고 여기는 것도 정확한 표현은 아니다. 이를테면 원소도 화합물도 아닌 빛 또한 물질의 한 종류다. 그리고 현대 물리학에서 보면, 우리에게 친숙한 물질 내부에도 우주 이상의 비밀이 숨어 있다.

눈앞에 있는 작은 먼지를 하나 집어 들어보자. 이 먼지 속에도 하나의 우주가 있다. 그 복잡함은 지금까지 살펴본 우주의 복잡함에 결코 뒤지지 않는다. 하지만 정말 중요한 것은 먼지 속의 우주는 온 우주의 축소판도 아니거니와 우리 눈앞에 보이는 세계의 축소판도 아니라는 것이다. 그것은 기하학적인 형태와 크기뿐 아니라 질적으로도 다르다. 그렇다면 어떻게 질적으로 다르다는 걸까? 이번 장은 이를 설명하는 것이 목적이다. 하지만 그 설명을 하기 위해서는 물질의 구조에 대한 예비지식이 필요하다.

고대 중국, 인도에는 모든 물질이 흙, 물, 불, 바람, 공기의 합성으로 이루어져 있다는 5원소설이 있었다. 또 고대 그리스에서는 기원전 6세기에 밀레투스의 탈레스(기원전 약 624~548)가 "만물의 물질적 근원은 물이다"라고 말했다. 이는 인류가 물질의 내부 구조에까지 생각이 미치지 않았던 단계의 사고방식이다. 그러나 오늘날의 지식에서 보면 정말 터무니없는 이 생각 속에서 실은 현대 물리학 사상의 기원을 엿볼 수 있다. 그것은 바로 다종다양한 물질을 소수의 근원 물질의 집합으로 설명하자는 사상이다.

기원전 5세기경이 되자, 물질의 내부 구조를 생각할 수 있게 되었다. 당시 문제의 초점은 물질은 한없이 잘게 쪼갤 수 있는 연속체인가, 아니면 이 이상 쪼갤 수 없는 물질의 최소 단위의 집합으로 이루어져 있는가 하는 것이었다. 이 문제에 대해 그리스의 레우키포스(생몰연대 불확실), 데모크리토스(기원전 460?~370?)는 이 이상 쪼갤 수 없는 물질의 최소 단위가 있다고 생각했고, 아톰^{atom}이라고 이름 지었다. 아톰이란 '쪼갤 수 없는 것'이라는 그리스어다. 우리는 '원자'라고 부른다.

그들의 아톰 이론은 실험 사실에 근거한 것이 아니라 그들의 상상으로 주창한 이론이다. 그런데 이 아톰 이론은 현재의 원자론과 제법 일치한다. 잘못된 점이라면, 모든 물질이 직접적으로 원자로 이루어졌다고 생각했다는 것이다. 실은 몇 종류의 원자가 결합해 분자를 만들고, 그 분자가 모여 물질을 구성한다. 따라서 물질의 **성질을 지닌** 물질 구성의 최소 단위는 분자다. 그러나 이 사실을 알게 된 것은 먼 훗날인 18세기 후반에 이르러서였다. 이 무렵에 화학 실험 기술이 발달하면서 수소, 산소, 질소 등 많은 원소가 발견되었고, 화학 반응을 설명하기 위해 원자의 존재를 가정할 필요가 생겼기 때문이다.

1804년 영국의 존 돌턴^{John Dalton}(1766~1844)은 실험 사실에 기초를 둔 원자 가설을 발표했다. 그러나 그 가설에서는 설명할 수 없는 화학 반응이 발견되었다. 그 화학 반응을 설명하기 위해 이탈리아의 아메데오 아보가드로^{Amedeo}

Avogadro(1776~1856)가 돌턴의 원자 가설을 수정했다. 즉 분자의 존재를 생각해낸 것이다.

전기력을 이용하면 원자도 두 부분으로 나눌 수 있다

이처럼 물질은 분자로 이루어졌으며, 그 분자는 몇 가지 원자가 결합해 생성된다는 사실이 명확해졌다. 물질 중에는 분자를 만들지 않고 한 종류의 원자로 구성된 것도 있다. 바로 철, 알루미늄, 탄소 같은 고체 상태의 원소다. 또 산소, 질소, 수소 등 기체 상태의 원소는 같은 종류의 원소가 2개 결합해서 분자를 만든다. 이런 원자, 분자의 발견은 화학 반응 실험을 통한 이론적 추리로 이루어진 것이다. 물리학적 방법으로 원자, 분자의 존재를 실증할 수 있었던 것은 20세기에 들어선 후다.

그렇다면 원자는 그 이름처럼 불가분의 존재일까? 화학 반응으로는 분명 불가분한 존재로 보인다. 그런데 물리학적 실험에 의하면 원자는 불가분의 존재가 아니라 어떤 구조를 가진 복합체라는 사실이 밝혀졌다. 이는 기체 속의 전기 방전 현상 연구로 밝혀졌다. 분자와 원자는 전체로는 전기적으로 중성이다. 따라서 분자 덩어리인 기체는 전기가 통하지 않는다. 그런데 기체 속에서 전기가 흐르는 전기 방전 현상을 19세기 초기 전기학자가 발견했다. 이는 기체가 전기적으로 중성이 아님을 의미한다. 이 방전 현상의 수수께끼를 최초로 밝혀낸 사람이 영국의 조셉 존 톰슨^{Sir Joseph John Thomson}(1856~1940)이다. 1897년의 일이다.

톰슨은 전기력이 기체 속에 있는 분자와 원자를 전하를 띠는 두 부분으로 분할한다는 것을 발견했다. 그 결과, 기체는 전기적으로 중성이 아니게 되면서 전기가 흐를 수 있다는 것이다. 그는 또 분할된 한쪽은 질량이 원자보다 작고 음전하를 띤다는 점을 발견했다. 그리고 그것이 전자임을 확인했다.

전자란 전기량의 최솟값을 지닌 가장 질량이 작은 입자라는 의미로, 이런 입자의 존재를 예측한 것은 1874년 아일랜드인 조지 스토니^{George Stoney}(1826~1911)였다. 톰슨은 스토니가 예상한 전자의 실재를 실증한 것이다. 전자의 질량을 그램 단위로 나타내면, 소수점 밑으로 0이 27개나 붙는다. 뒤에서 자세히 설명하겠지만, 전자의 질량이 이처럼 작다는 것이 미시 세계를 특이한 존재로 만들고 있다. 분할된 또 다른 한쪽은 양전하를 띠며 전자에 비해 질량이 상당히 무거운데, 이를 이온이라고 한다.

덧붙여 말하면, 질량의 크고 작음을 나타낼 때 무겁다,

가볍다는 표현을 쓰는 경우가 많다. 이 책 역시 곳곳에서 쓰고 있다. 그러나 물리학에서 말하는 질량은 다음과 같다. 물체는 외력이 작용하지 않는 경우에는 일정한 속도(등속도)로 운동한다. 그리고 그 속도를 바꾸기 위해서는 외력이 작용해야 한다. 그런데 물체에 같은 세기의 힘이 작용해도 물체의 종류, 크기 등에 따라 속도의 변화 정도가 달라진다. 이때 속도의 변화 정도를 결정하는 것이 그 물체의 질량이다. 질량이 큰 물체일수록 속도의 변화 정도는 작아진다.

지상에서 측정하면 질량과 무게는 같은 크기이며, 그램으로 나타낼 수 있다. 하지만 질량과 무게의 물리학적 의미는 다르다. 무게란 지구와 물체 사이에 작용하는 인력의 세기를 나타내는 것이다. 따라서 같은 물체의 질량은 어디에서 측정하든 항상 일정하지만, 무게는 같은 물체라도 지표에서 측정할 때와 지표보다 인력이 약한 고공에서 측정할 때가 다르다. 무게는 지표에서는 무거워지고, 고공에서는 가벼워진다.

1세제곱센티미터 상자에 원자핵을 채우면 1억 톤이나 된다

원자폭탄의 출현으로 2차 세계대전 이후 원자는 일반인들에게도 친숙한 이름이 되었다. 그리고 흔히 원자는 중심에 원자핵이 있고, 그 주위를 전자가 돌고 있다고 설명한다. 이 원자 속 원자핵의 존재를 발견한 사람은 영국의 어니스트 러더퍼드 Ernest Rutherford(1871~1937, 1908년 노벨 화학상 수상)다. 이 발견은 1911년의 일이다. 원자핵은 양전하를 띠며 질량이 전자의 약 2,000배나 된다는 사실이 곧 실험적으로 발견되었다. 원자핵은 이렇게 무겁기 때문에 1세제곱센티미터의 상자에 원자핵을 가득 채우면 무려 1억 톤이나 된다. 이처럼 전자의 질량이 핵의 질량에 비해 상당히 작기 때문에 원자의 질량은 대개 핵의 질량과 동일하다. 원자핵이 발견된 지 20년이 지나 원자핵의 내부 구조가 밝혀졌다. 핵의 내부 구조 해명은 어느 한 사람의 물리학자에 의한 발견이 아니라 수많은 발견들이 축적된 성과다.

원자핵은 양성자와 중성자라는 두 종류의 입자가 각각 몇 개씩 강하게 결합해서 만든 덩어리다. 이 양성자와 중성자를 핵자라고 한다. 양성자와 중성자는 질량이 대개 같으며, 양성자는 양전하를 띠고 있지만 중성자는 전기적으로 중성이다. 전자와 양성자가 가진 전기량은 같으며, 둘 다 전기량의 최소 단위에 해당한다. 즉 이는 전자가 가진 전기량과 동일하다.

양성자와 중성자, 양성자와 양성자, 중성자와 중성자는

핵 속에서 강하게 결합하고 있는데, 결합한 상태로 격렬한 운동을 하고 있다.

원자의 성질은 전자가 결정한다

자연에 존재하는 원자의 종류는 92개다. 그중 가장 가벼운 것이 수소이고, 가장 무거운 것이 우라늄[1]이다. 그런데 2차 세계대전 이후 우라늄보다 무거운 원자가 인공적으로 만들어졌고, 11종의 새로운 원자가 탄생했다. 그러나 전부 불안정한 원자여서 저절로 붕괴해버린다.[2]

그렇다면 원자는 왜 이처럼 종류가 많은 걸까? 원자의 종류를 결정하는 요소는 근본적으로 원자핵 속의 양성자 수다. 핵 속의 양성자 수가 1, 2, 3, 4…… 하고 변화하면 원자의 종류는 수소, 헬륨, 리튬, 베릴륨…… 하는 식으로 달라진다. 원자에는 원자번호라는 것이 붙어 있는데, 이 수는 양성자의 수와 일치한다. 이를테면 우라늄은 양성자 수가 92이므로, 원자번호는 92다. 이 양성자는 양전하를 띠므로 양성자 수가 많은 핵일수록 양전하를 많이 띤다. 또 하나의 핵

---

1   플루토늄 등 우라늄보다 무거운 원소도 자연계에서 조금 발견되고 있다.
2   인공적으로 생성된 것까지 더하면 118종의 원소가 확인되었다. 우라늄보다 무거운 것 중에도 반감기가 비교적 길어 안정적인 원소도 있다.

구성 요소인 중성자는 양성자의 수에 거의 비례해서 증가한다. 하지만 수소의 원자핵에는 중성자가 없다. 중성자는 전하를 띠지 않는 중성이므로, 핵 속 중성자의 수는 핵의 전기량과 무관하다. 단지 핵의 질량과 관련이 있을 뿐이다.

그런데 원자는 화학 반응을 할 때 종류에 따라 반응하는 방식이 다르다. 이는 화학적 성질이 다르기 때문이다. 그럼 원자의 다양한 화학적 성질도 핵의 양성자 수로 결정되는 걸까? 근본적으로는 그렇다. 그러나 직접적으로는 아니다. 방금 설명했듯이, 양성자 수가 많은 핵일수록 양전하를 많이 띠게 된다. 그런데 원자는 전체로 보면 전기적으로 중성이다. 따라서 양성자와 동일한 수의 전자가 핵 바깥에 필요하다. 이처럼 양성자의 수는 전자의 수를 결정한다. 또 핵 속의 양성자 수는 핵외 전자核外電子의 에너지도 지배한다. 이렇게 결정된 핵외 전자와 에너지가 화학적 성질을 지배하는 것이다.

앞서 설명한 이온은 핵외 전자의 수가 어떤 원인으로 증가하거나 감소해서 핵의 양성자 수보다 너무 많거나 적은 상태가 된 것이다. 전자는 음전하를 띠는 이온, 후자는 양전하를 띠는 이온이다.

보통 수소 원자는 한 개의 양성자인 핵과 한 개의 핵외 전자로 이루어져 있다. 그래서 수소 원자 이온은 수소 원자

의 원자핵과 동일하다. 따라서 수소 원자에 대해서는 이온＝
원자핵＝양성자가 된다.

　이상의 설명을 통해 미시 세계의 구성원으로 세 종류의
입자가 있다는 사실을 알았다. 즉 양성자, 중성자, 전자다.
물리학에서는 이 세 가지 입자를 소립자라고 한다.[3] 이 세 종
류 외에도 소립자라고 불리는 것이 있으나, 여기서는 물질 구
성원으로서 직접 관련이 있는 세 종류를 먼저 소개해두겠다.
그리고 이상의 예비지식을 기초로 미시 세계의 수수께끼에
대해 설명하겠다.

3　그 뒤 양성자와 중성자가 각각 3개의 '쿼크'로 구성되어 있다는 사실이 밝혀졌다.
　이로써 쿼크가 소립자의 일원이 되었고, 양성자와 중성자는 소립자라고 부르지
　않게 되었다. 더 이상 분해할 수 없는 물질의 최소 단위를 소립자라고 하는데, 이
　책에서는 넓은 의미에서 미소 입자를 소립자라고 표기하는 경우가 있으니 주의하
　기 바란다.

미시 세계의 불가사의

이중인격의 괴물, 소립자

이들 소립자는 모두 우리의 상식으로는 생각할 수 없는 신기한 성질을 지니고 있다. 한마디로 말하면 이중인격 같은 성질이다. 소립자는 우리에게 파동의 모습을 보여주다가도 어떤 때는 입자의 모습으로 나타난다. 우리가 소립자를 보는 방법에 따라 전혀 다른 모습을 보여주는 것이다.

그런데 파동과 입자의 모습이 그리 다르지 않다면 이 이야기도 별 문제가 아닐 수 있다. 하지만 파동과 입자는 상반되는 양 극단의 성질을 가지고 있다. 잠시 상식적으로 생각해봐도 입자는 탄환 같은 물질의 작은 덩어리로 탄도를 그리며 날아간다. 반면 파동의 모습은 어떨까? 고요한 연못에 작은 돌멩이를 던져보자. 작은 돌멩이의 낙하점을 중심으로 수면 위에 동심원 모양의 파동이 퍼져간다. 그리고 마침내 연

미시 세계의 존재는 《지킬 박사와 하이드》 주인공처럼 이중인격자뿐이다. 파동의 모습으로 나타났다가 입자의 모습으로 나타나기도 한다.

못 전체로 퍼진다. 이것이 우리 눈에 보이는 파동의 모습이다. 소립자는 때로는 탄환의 모습으로 나타나고, 때로는 수면 위 파동 같은 모습으로 나타나는 것이다.

그러나 우리는 이 소립자의 모습을 육안으로 직접 볼 수는 없다. 물리학자는 어떻게 소립자의 모습을 알 수 있는 걸까? 그리고 어떤 경우에 소립자는 파동이 되기도 하고, 입자가 되기도 하는 걸까? 이번에는 이에 대해 설명할 차례인데, 먼저 파동과 입자의 물리학적 의미를 확실히 익혀두자.

우리의 상식에 있는 파동은 연못이나 바다의 파동 이미지로 대표되고 있다. 이들 파동은 파동의 매질(파동을 전달하는 것, 연못의 경우에는 물)이 직접 눈에 보이므로 상당히 이해하기 쉽다. 이처럼 우리가 상식적으로 생각하는 파동은 그 파동의 이미지가 보인다는 점에 중점을 두고 있다. 그러나 물리학자가 생각하는 물리적 파동은 파동의 이미지가 보일 필요가 없다.

물리학자는 파동이 가진 물리적 성질을 통해 파동의 특성을 추상화하고, 그 추상화한 특성을 가진 현상을 모두 파동이라 부른다. 그 추상화한 특성이란 파장, 진동수, 진폭 등이다. 파장은 파동의 마루와 마루 사이의 거리, 진동수는 1초 동안 마루 또는 골이 생기는 횟수, 진폭은 마루의 높이를 나타낸다(파장과 진동수는 반비례 관계다).

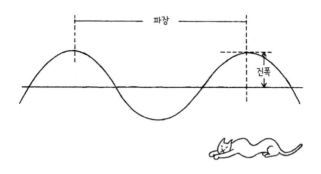

파동에는 파장, 진폭, 진동수라는 세 가지 성질이 있다. 이 성질을 지닌 것은 전부 파동이다.

이를테면 소리는 눈에 보이지 않지만 역시 파동이며, 음파라고 부른다. 음파의 매질은 예컨대 공기 중에서 소리가 전달될 때는 공기다. 물속에서 전달되는 경우에는 물이 매질이 된다. 이처럼 소리는 물질적 매질 없이는 전달되지 않으므로, 눈에 보이지 않아도 이해하기 쉽다. 그런데 더욱 이해하기 어려운 파동이 있다. 바로 빛이다. 빛은 진공을 매질로 삼는다. 진공이 물결치는 광경을 눈으로 보는 것은 물론 상상하기도 힘들다.

수면 위 기름의 반사로 빛이 파동임을 알 수 있다

그렇다면 소리나 빛처럼 파동의 이미지가 눈에 보이지 않는 현상에서 파동을 어떻게 알 수 있을까? 방법은 주로 파동의 간섭 현상을 이용한다. 파동은 눈에 보이든 안 보이든 간섭 현상을 일으킨다. 반대로 말하면, 간섭 현상을 일으키는 것은 파동이라 할 수 있다. 파동의 간섭 현상이란 별개의 두 파동이 포개질 때 일어나는 현상이다. 한 파동의 마루와 다른 파동의 마루가 포개지면 두 파동은 서로 강해져 합성된 파동의 진폭이 커진다. 또 한 파동의 마루와 다른 파동의 골이 포개지면 두 파동은 서로 약해져 합성된 진폭이 작아진다. 이것이 파동의 간섭 현상이다.

한 예로 누구나 경험했을 법한 현상을 들어보겠다. 수면 위에 소량의 기름을 흘려보자. 기름은 물보다 가벼워서 수면 위에 얇은 기름막이 생긴다. 그곳에 태양 광선이 닿으면 기름막은 색을 띠는 것처럼 보인다. 이는 빛의 간섭 현상의 한 예다. 태양 광선이 기름막에 닿으면 2개로 나뉜다. 하나는 기름막에서 반사하는 빛, 다른 하나는 기름막을 투과해 아래 수면에 도달한 뒤 반사되는 빛이다. 따라서 우리가 기름막을 볼 때는 눈에 2개의 반사 광선이 들어온다. 하나는 기름막에서 반사된 광선, 다른 하나는 기름막 밑의 수면에서 반사된 광선이다. 그리고 전자보다 후자가 기름 속을 빛이 대략 왕복한 거리(광로차光路差라고 한다)만큼 긴 거리를 지나가야 한다. 지금 기름 속 광로차가 청색 광선의 한 파장과 동등하다고 하자(태양의 백색 광선은 일곱 색의 합성으로, 여기서 말하는 청색 광선은 그 일곱 색 중 하나다).

그러면 만일 청색 광선이 기름막에 들어갈 때 마루 상태라면, 기름 속 광로차를 지나 기름막 가까이 나올 때도 마루 상태다. 그 이유는 한 파장마다 파동은 동일한 상태를 반복하기 때문이다. 따라서 이 경우에는 기름막에서 반사하는 청색 광선도 마루 상태이므로, 2개의 청색 반사 광선은 마루와 마루가 포개져 진폭이 커진다. 빛의 파동의 진폭이 커지면

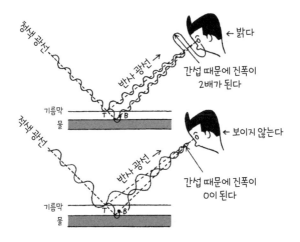

빛이 파동임을 보여주는 간섭 현상: 태양 광선이 반사돼서 파랗게 보이는 경우가 위 그림이다. 기름막의 두께와 태양 광선 속 청색 광선의 파장이 같으므로 파란색이 강해진다. 반대로 적색 광선은 아래 그림처럼 약해진다.

그 빛은 밝게 보인다.

그렇다면 태양 광선 중 적색 광선은 어떻게 될까? 적색 광선의 파장은 청색 광선의 약 2배다. 따라서 적색 광선이 기름막에 들어갈 때 마루 상태라면, 기름막 가까이 기름 속에서 나올 때는 골 상태나. 그래서 이 경우에는 앞의 경우와 반대로 2개의 적색 반사 광선은 마루와 골이 포개지며, 포개진 파동의 진폭은 0이 된다. 진폭이 0인 파동은 보이지 않는다. 그래서 기름막에서 나오는 빛은 기름막을 비춘 백색 광선에서 적색 광선을 없애고, 청색 광선이 강한 빛이 된다. 그 빛은 대개 푸르스름하게 보인다. 기름막의 두께가 달라지면 빛의 기름 속 광로차의 크기도 달라져, 앞서 설명한 현상이 달라지기도 한다. 이를테면 적색 광선이 강해져 기름막이 붉게 보이는 경우도 발생한다. 또 기름막의 두께가 빛의 파장에 비해 상당히 두터우면 기름막이 색을 띠는 간섭 현상을 보기 힘들다. 앞에서 설명한 2개의 반사 광선이 너무 거리가 멀어 잘 포개지지 않기 때문이다.

이와 같은 빛의 간섭 현상을 잘 관찰하기 위해서는 수면 위 기름막의 두께가 가시광선의 파장 정도(약 1만분의 8밀리미터에서 1만분의 4밀리미터)여야 한다. 이보다 두꺼우면 간섭 현상을 관찰하기 힘들다. 기름막의 색이 다양하게 변하는 것처럼 보이는 이유는 수면 위 기름막의 두께가 우연히 가시광선의 파장 정도가 되었기 때문이다.

이처럼 수면 위 기름이 색을 띠는 것처럼 보인다는 사실은 빛이 파동이라는 유력한 증거다. 이런 간섭 현상을 일으키는 것이 파장의 특징이다.

소립자의 크기는 1조분의 1밀리미터

그렇다면 입자는 어떤 성질을 가진 존재일까? 뉴턴 역학에 따르면, 입자란 임의의 시각에 정해진 질량, 속도, 위치

를 지닌 것을 말한다. 그럼 입자인지 아닌지 어떻게 판정할
까? 이는 충돌 현상으로 알 수 있다. 운동하고 있는 입자는
운동에너지를 가지고 있다. 운동에너지의 크기는 입자의 속
도가 클수록 크며, 또 질량이 클수록 크다. 그리고 2개의 입
자가 충돌했을 때, 큰 운동에너지를 지닌 입자에서 작은 운
동에너지를 지닌 입자로 운동에너지의 일부 또는 전부가 이
동한다.

파동은 무한히 퍼질 가능성이 있다. 이를테면 빛은 적어
도 그 파장의 수천, 수만 배의 공간으로 퍼진다. 실제로 파동
에서는 엄밀한 의미에서 크기라는 것을 생각할 수 없다. 얼
마든지 퍼져갈 수 있는 성질을 지닌 것이다. 반면 입자는 그
크기가 유한해서, 파동이 퍼지는 규모에서 보면 매우 작다.
특히 소립자는 그 크기가 1조분의 1밀리미터 이하다.[4] 직감
적으로 입자와 파동의 차이를 알기 위해서는 이 엄청난 크
기의 차이를 생각하면 가장 이해하기 쉽다. 크기가 1조분의
1밀리미터인 소립지가 운동하면, 수립자가 지나간 날카로운
궤도가 연상된다. 그런데 무한히 확산할 수 있는 파동이 지

---

4   수소 원자의 크기는 대략 1,000만분의 1밀리미터이고, 양성자나 중성자의 크기
    는 1조분의 1밀리미터다. 쿼크는 적어도 양성자 크기의 100분의 1 이하로 보고
    있다.

나갔을 때(예컨대 음파), 그 궤도는 날렵한 선이 아니라 넓은 공간이다. 이런 사실들을 보면, 이 두 가지 성질을 소립자가 지니고 있는 것은 매우 이상한 일이다.

'빛은 파동'이라는 확신이 무너지다

태양 광선 아래에서 수면 위 기름이 색을 띠는 것은 빛의 파동이 아니면 설명할 수 없는 현상이다. 빛이 파동임을 증명하는 물리학적 실험은 이 밖에도 얼마든지 찾아볼 수 있다. 그래서 물리학자들은 빛이 파동이라는 사실에 한 치의 의심도 하지 않았다. 그런데 1888년 빌헬름 할바크스Wilhelm Hallwachs(1859~1922)라는 인물이 빛을 파동으로 생각하면 도저히 설명할 수 없는 매우 기묘한 현상을 발견했다. 이는 다음과 같은 현상이다.

양도체, 즉 전기가 잘 흐르는 금속 안에서는 자유로이 움직이는 수많은 전자가 항상 이리저리 불규칙하게 흐르고 있다. 이 전자는 보통 자유전자 또는 전자가스라고 부른다. 우리가 흔히 전류라고 하는 것은 이 전자가스의 흐름이 전체적으로 일정 방향으로 향하는 경우다. 그런데 이런 금속에 빛을 쪼이면, 금속 내 표면 아주 가까이에 존재하는 전자가스가 빛에너지를 얻어 금속 밖으로 튀어나오는 현상이 있

다. 이 튀어나오는 전자를 광전자, 이 현상을 광전 효과라고
한다.

빛이 파동이라는 것은 이미 설명한 바 있다. 그런데 파동
의 에너지는 진폭이 큰 파동일수록 크다. 빛도 파동이므로
진폭이 큰 빛, 즉 밝은 빛일수록 에너지가 커진다. 그렇다면
파동인 빛이 전자가스 중 하나와 충돌한다면 어떤 일이 벌어
질까? 빛을 바다의 파도, 전자를 작은 보트라고 생각해보자.
큰 파도에 부딪힌 보트는 공중으로 붕 떠오르기도 한다. 파
도의 진폭이 클수록 보트는 거세게 움직이거나 공중으로 더
높이 날아간다. 따라서 밝은 빛으로 금속을 쪼일수록 큰 에
너지의 광전자가 튀어나온다.

그런데 앞서 설명한 광전 효과의 실험 결과는 예상을 완
전히 빗나갔다. 금속을 쪼이는 빛의 밝기는 튀어나오는 광전
자의 에너지와는 무관했으며, 광전자의 수를 늘리거나 줄일
뿐이었다. 그리고 광전자의 에너지를 좌우하는 것은 빛의 색
(파장)이다. 뻘건 빛보다 파란 빛으로 쪼였을 때 튀어나오
는 전자의 에너지가 컸던 것이다.

"빛은 입자다", 아인슈타인의 광양자설

아인슈타인은 광전 효과를 설명하기 위해 1905년에 유

명한 논문 하나를 발표했다. 바로 광양자설을 주장한 논문이다. 그 논문에서 그는 광전 효과는 빛을 파동으로 생각하면 설명할 수 없으며, 입자로 취급해야 한다고 주장했다. 이 광양자설에 따르면 빛에너지는 다수의 에너지가 덩어리로 날아다닌다. 그리고 그 한 덩어리가 갖는 에너지는 그 빛의 파장에 반비례한다. 그 덩어리를 그는 광자(광양자)라고 불렀다.

여기서 잠깐 파장과 에너지의 관계를 더 구체적으로 설명하면 다음과 같다. 빨간 빛보다 파란 빛의 파장이 작다. 따라서 파란 빛 속의 광자(파란 광자)가 빨간 빛 속의 광자(붉은 광자)보다 에너지가 크다. 그러나 그 크기는 큰 차이가 없다. 그렇다면 광자의 에너지는 어느 정도의 크기일까? 파장이 빨강과 파랑의 중간인 노란 광자를 예로 들면, 에너지는 약 2전자볼트다.

전자볼트는 미시 세계에서 사용하는 에너지 단위다. 우리가 자주 쓰는 열에너지 단위는 칼로리다. 전자볼트를 칼로리로 나타내면, 1전자볼트는 100억분의 1에서 또 100억분의 1의 4배(4×10^{-20}) 칼로리다(1칼로리는 1세제곱센티미터의 물의 온도를 섭씨 1도 올리는 데 필요한 에너지다. 우리가 일상에서 사용하는 1칼로리는 이런 칼로리의 1킬로칼로리를 말한다). 이처럼 광자 하나의 에너지는 매우 작다. 그러나 우리가 감각으로 알 수 있는 빛 속에는 이 광자가 아주 많다. 광자 하나하나의 에너지는 작아도 그 수가 많기 때문에 빛 전체의 에너지는 감각으로 느낄 수 있을 만큼 크다. 그렇다면 빛 속에는 광자의 수가 얼마나 될까? 인간의 눈이 빛을 느끼려면 매초 1,000여 개의 가시광선의 광자가 눈 안으로 들어와야 한다. 그러나 빛이 한 점에서 방출되는 경우, 수십 개의 광자가 눈에 들어오면 희미하게 빛나는 한 점을 볼 수 있다. 10미터 떨어진 곳에서 100와트 전등의 빛을 보는 경우에는 매초 눈에 들어오는 가시광선의 광자 수가 약 1,000억 개나 된다. 광양자설에 따르면, 빛의 밝기는 빛 속의 광자 수에 비례한다.

아인슈타인의 광양자설에 따르면, 광전 효과는 다음과 같이 설명할 수 있다. 즉 광전 효과는 하나의 광자와 전자가스 속 하나의 전자가 충돌하는 현상이다. 전자와 충돌한 광자는 그 에너지를 전부 전자에게 주고 광자 자체는 소멸한다. 그리고 광자와 충돌한 전자가 자신이 가지고 있던 에너지에 더해 광자가 가지고 있던 에너지 전부를 받고 금속 안에서 튀어나오면서 발생하는 것이다.

아인슈타인은 상대성 이론 같은 위대한 발견으로는 노벨

상을 받지 못했지만, 이 광양자설로 1921년 노벨 물리학상을 받았다.

"열려라, 참깨!"의 현대판, 자동문

요즘은 사람이 다가가면 자동으로 열리는 문, 손을 대면 자동으로 물이 나오는 수도꼭지를 흔히 볼 수 있다. 그런 장치에는 광전관光電管이라는 진공관이 사용된다. 광전관은 광전 효과의 원리를 응용해 빛의 강약을 전류의 강약으로 변환하는 장치다. 광전관의 원리는 다음과 같다. 광전관의 유리벽 일부에 가장 광전 효과가 높은 세슘이라는 금속이 증착(금속을 증기로 만든 뒤 유리면에 응축시킨다)되어 있다. 그곳에 빛을 비추면 광전 효과로 광전자가 튀어나온다. 그 광전자를 모아 구리선에 흘려보내면 빛의 강약에 대응하는 세기의 전류가 흘러 문이 열리고 닫힌다.

또 최근에는 영상 증폭관이라는 진공관의 개발 연구가 진행되고 있다. 이는 상당히 어두운, 겨우 100개 정도의 광자로 그려진 영상을 아주 밝은 영상으로 변환하는 장치다. 이 장치를 이용하면 인간의 눈으로는 전혀 보이지 않는 암흑 속 풍경을 뚜렷이 볼 수 있다. 이 장치 역시 광전 효과로 인해 세슘 금속 박막에서 방출되는 광전자를 이용한다. TV 카메

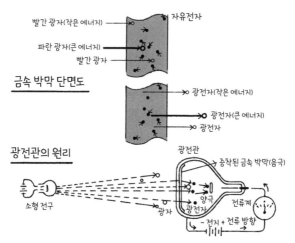

빛이 입자임을 나타내는 광전 효과: 금속 박막에서 튀어나온 광전자의 에너지는 빛의 색에 따라 달라진다. 이를 이용해 빛을 전기로 변환하는 것이 광전관이다.

라에 TV의 눈이라 불리는 이미지 오시콘이라는 장치가 있다. 이 장치의 원리는 광상光像을 광전 효과를 이용해 전기 신호로 변환하는 것이다. 이처럼 광전 효과의 원리는 빛 현상을 전기 현상으로 바꾸는 변환 장치에 이용되어 우리의 일상생활에 그 응용 가지를 충분히 발휘하고 있다. 그 변환 장치 안에서는 빛의 입자성이 주역을 맡고 있는 셈이다.

빛, 마침내 '소립자 클럽'에 가입하다

이처럼 빛은 때로는 입자의 모습을, 때로는 파동의 모습을 우리에게 보여주는데, 그렇다면 빛의 본체는 무엇일까? 우리에게 모습을 드러내지 않을 때 빛은 어떤 모습일까? 빛의 본체는 파동도 아니며 입자도 아닌, 그저 어떤 미지의 존재라고 할 수밖에 없는 것일까? 우리의 생활에 빛만큼 친숙한 존재도 없다. 우리는 빛 없이는 살아갈 수 없다. 그 빛이 이토록 정체를 알 수 없는 존재인 것이다.

물리학자들은 빛을 파동으로 간주해 소립자 일원에서 제외했었다. 그런데 빛은 입자이기도 하니 꽤 **만만치 않은 존재**이긴 하지만, 여하튼 소립자의 일원으로 인정했다. 그러나 물리학자들은 여전히 빛과 다른 소립자를 구별해서 취급했다. 빛은 **준**소립자이며, 다른 것은 **순**소립자라고 생각한 것이다.

그런데 광자가 소립자의 일원이 된 지 20년 만에 물리학자들의 생각이 완전히 틀렸다는 사실을 알게 되었다. 즉 모든 소립자는 파동과 입자의 이중성을 가지고 있다는 결론에 도달한 것이다. 미시 세계에는 이중인격자만 살고 있는 셈이다. 이에 대해서는 앞으로 차차 밝힐 것이다.

얼마나 작은 것까지 보일까?

미시 세계를 들여다보는 방법

미시 세계의 구성 요소와 그 불가사의한 성질을 알아보았다. 그렇다면 이 세계의 자세한 구조는 어떨까? 먼저 우리가 미시 세계의 구조를 어떤 방법으로 알 수 있는지 생각해보자. 광활한 우주의 모습을 보기 위해서는 거대한 망원경이 제작되었다. 미시 세계를 알기 위해서는 어떤 방법이 있을까?

사물의 구조를 알려면 눈으로 보는 방법이 가장 직감적이고 이해하기 쉽다. 그렇다면 얼마나 작은 것까지 눈으로 볼 수 있을까? "백문이 불여일견"이라는 속담이 있다. 미시 세계에서도 이 속담이 통용될까?

작은 사물을 보는 이야기를 시작하기 전에 사전 준비로 배율과 분해능이라는 말을 알아둘 필요가 있다. 배율이란 물체를 확대해서 보는 확대율을 말한다. 분해능은 인접한 두 점을 분해해서 보는 능력이다. 즉 인접한 2개의 점을 얼마나 확실히 두 점으로 인식할 수 있는가 하는 것이다. 분해능은 분간할 수 있는 두 점 간의 최소 거리로 나타낸다. 분해능이 높다는 것은 분간할 수 있는 두 점 간의 거리가 작다는 뜻이다. 요컨대 분해능이 높을수록 물체의 세부가 세세하게 보인다. 우리 눈의 분해능은 명시 거리(눈에서 약 25센티미터)로 약 100분의 7밀리미터다. 달리 말하면, 인간의 눈은 100분의 7밀리미터 이하로 근접해 있는 두 점을 봐도 그것을 두 점으로 인식하지 못한다. 흐릿한 한 점으로 본다. 요컨대 인간의 눈은 100분의 7밀리미터보다 작은 물체의 세부를 보는 게 불가능하다.

이번에는 렌즈로 물체를 10배 확대해서 본다고 하자. 그러면 실물에서 1,000분의 7밀리미터 떨어진 두 점은 렌즈에 맺히는 상에서는 100분의 7밀리미터 거리로 보인다. 따라서 우리 눈은 렌즈를 통해 그 두 점을 두 점으로 볼 수 있게 된다. 이처럼 렌즈의 분해능은 렌즈의 배율에 비례해 높아진다. 보통 현미경은 몇 개의 렌즈를 조합해서 만든, 큰 배율을 가진 확대경이라 할 수 있다. 이를 광학 현미경이라고 한다. 광학 현미경의 배율을 높이면 그 분해능도 비례해서 높아진다.

여기서 다음과 같은 결론을 얻을 수 있다.

"현미경의 배율을 충분히 크게 하면, 그 분해능도 충분히 높아져 마침내 분자나 원자도 볼 수 있게 된다."

앞의 설명으로만 따져보면, 이 결론은 맞다. 그런데 다음에 설명하는 이유로 이 결론은 간단히 부정되고 만다. 분해능은 보려고 하는 물체를 비추는 빛의 파장보다 높아지지 않는다는 사실 때문이다. 바꿔 말하면, 쪼이는 빛의 파장보다 작은 물체의 세부는 아무리 확대해도 흐릿해서 선명하게 볼 수 없다. 그 이유는 다음과 같다.

광학 현미경의 한계

빛이 파동의 모습으로 나타날 때, 그 파동은 전자기파라는 파동을 형성한다는 사실이 증명되었다.

전자기파란 진공 속(물질의 종류에 따라서는 물질 속이라도 괜찮다)을 진파히 는 전기장과 자기장의 파동을 말한다. 그리고 전자기파는 전기장의 파동과 자기장의 파동이 합성된 파동이다. 라디오, TV, 레이더 등 통신용으로 쓰이는 전파도 정확히 말하면 전자기파다. 단지 우리는 이것들은 습관적으로 전파라고 부른다.

파동의 일반적인 성질은 장애물 뒤편으로도 돌아서 도달하는 성질이다. 그런데 돌아가는 정도는 파동의 파장이 길수록 크다. 이를테면 시골 산골짜기에서도 라디오를 들을 수 있는 이유는 라디오 전파의 파장이 길어서 장애물을 돌아서 갈 수 있기 때문이다. 그런데 산골짜기에서 TV를 볼 수 없는 이유는 TV 전파의 파장이 짧아 잘 돌아가지 못하기 때문이다(라디오 전파의 파장은 약 500미터, TV 전파의 파장은 약 1미터다).

　가시광선의 파장은 전파에 비해서 매우 짧기 때문에 가장 긴 적색도 약 1,000분의 1밀리미터다. 따라서 TV 전파보다 훨씬 직진성이 크다. 바꿔 말하면, 돌아서 가기 힘든 것이다.

　그러나 빛도 파동이므로, 그 정도는 작지만 전파와 마찬가지로 휘어서 가는 성질이 있다. 그래서 약간이긴 하지만 빛이 이리저리 마구 휘어서 가므로, 현미경을 만들 때 이상적인 무수차無收差 렌즈(빛이 직진한다고 가정하고, 한 점에서 나온 빛을 한 점으로 모을 수 있도록 설계한 렌즈)를 사용해도, 막상 사용해보면 한 점에서 나온 빛이 완전히 한 점에 상을 맺지 않는다. 그리고 점이라 하기에는 크고 흐릿한 동그라미 모양이 생긴다. 그 동그라미의 반지름이 빛의 파장 정도가 된다. 따라서 빛의 파장보다 작은 물체의 상은 분해해서 볼 수 없다. 이런 현상은 빛이 파동인 이상 도저히 피할 수 없는 본질적인 문제다. 그런데 우리가 눈으로 느낄 수 있는 광선, 즉 가시광선의 파장은 분자나 원자보다 수천 배나 크다. 그래서 렌즈를 다수 사용해 현미경의 배율을 아무리 크게 해도 광학 현미경으로 분자나 원자의 모습을 볼 수는 없다.

물리학 역사상 최대 발견 중 하나, 드브로이의 물질파

현미경의 최고 분해능은 대략 가시광선 중 최단 파장과 같은 약 10만분의 2센티미터다. 바꿔 말하면, 10만분의 2센티미터가 시각으로 볼 수 있는 미시 세계의 한계다. 그렇다면 그 이상 작은 세계를 보는 건 절대 불가능한 일일까? 사실 전혀 예기치 못한 일로 이 한계보다 작은 세계를 볼 수 있게 되었다. 과학의 재미있는 점은 연구에 난항을 겪더라도 그 상태는 일시적일 뿐 반드시 난국을 타개할 수 있다는 것이다.

전혀 예기치 못한 일이란, 프랑스의 천재 물리학자 루이 드브로이Louis de Broglie(1892~1987)가 해낸 물리학 역사상 최대 발견 중 하나라 할 수 있는 발견이다. 그는 1923년, 그동안 입자의 성질만 가진 것으로 알았던 전자가 파동적 성질도

가졌음을 이론적으로 예상했다. 이 드브로이의 이론적 예상은 그의 천재적 상상력 덕분이었다. 드브로이는 빛의 파동과 입자의 이중성이 오직 빛만 가진 특성이 아니라 모든 소립자에게 일어나는 현상이 아닐까 하고 상상한 것이다. 어떤 특별한 현상 하나가 실은 일반적인 현상의 표출인 경우가 흔히 있다. 이런 상상력이야말로 물리학의 진보에 가장 중요한 요소다.

그의 이론은 또 소립자뿐 아니라 모든 물체에서 파동의 성질을 볼 수 있다고 주장했다. 그런 의미에서 이 파동은 물질파라는 이름이 붙었다.

이 이론은 곧 실험을 통해 완전히 옳다는 것이 증명되었다. 그는 1929년에 노벨 물리학상을 받았다.

드브로이의 이론에 따르면, 모든 소립자에는 파동의 성질이 있으므로 한 개의 전자도 파동의 성질을 가진다. 그러면 다수의 전자가 동일한 속도로 동일한 방향으로 흐르는 전자의 흐름(전자파)도 파동의 성질을 가지고 있을 것이다. 광선 속에는 다수의 광자가 광속도로 동일한 방향으로 흐르고 있다. 광자는 전자에 대응하고, 광선은 전자류에 대응하는 것이다.

미시 세계의 벽을 부순 전자 현미경

그렇다면 전자류가 실제로 파동임을 증명할 수 있을까? 증명을 하려면 앞서 설명한 간섭 현상이 일어나는지 시험해 보면 된다.

그런데 빛의 간섭 현상이 일어나는 수면 위 기름막은 전자파에 간섭 현상을 일으키기에는 너무 두텁다. 자연에는 마침 적당한 대용품이 존재한다. 바로 물질의 결정이다. 금속 및 다른 물질의 결정 속에는 원자가 규칙적이면서 입체적으로 늘어서 있다. 이를 원자의 입체 격자 배열[5]이라고 한다. 이 원자와 원자의 간격이 대략 1억분의 1센티미터다.

그리고 이 결정에 파장이 1억분의 1센티미터 정도인 엑스광선을 조사照射해본다. 그러면 예상대로 결정 속의 각 원자는 작은 거울처럼 엑스광선을 반사한다. 그렇게 하면 인접한 반사 엑스광선끼리 간섭 현상을 일으킨다. 그리고 그 간섭 엑스광선은 어느 방향에서는 그 진폭이 강해져 밝아지고, 다른 방향에서는 진폭이 약해져 어두워진다. 이처럼 결정에서 반사되어 나오는 다수의 간섭 엑스광선을 사진 건판에 투영하면, 명암으로 이루어진 아름다운 기하학적 반점 모

---

5   원자의 입체 배열이라고도 한다.

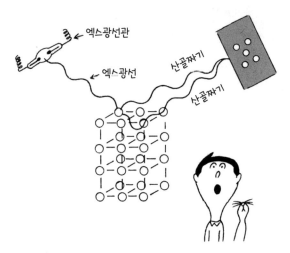

전자류가 파동임을 증명하는 실험: 물질의 결정 속에서 원자는 규칙적이고 입체적으로 배열되어 있다. 여기에 엑스광선을 조사하면 간섭 현상이 일어나 사진 건판에 아름다운 모양을 그린다. 전자류에서도 동일한 현상이 일어난다.

양을 얻을 수 있다. 이 모양을 라우에 반점이라 한다.

그래서 엑스광선 대신 전자류를 이용해 라우에 반점을 얻을 수 있다면, 전자류는 파동임을 증명할 수 있다. 이 실험은 1927년 미국 벨 전화 연구소의 데이비슨과 저머에 의해 이루어졌다. 그 결과는 드브로이의 이론과 완전히 일치했다.

드브로이의 발견은 미시 세계의 **이론적 해명**에도 큰 공헌을 했지만 미시 세계를 보는 방법에도 위대한 무기를 부여했다. 이 이론을 통해 물리학자의 머릿속에는 즉각 물체를

비출 때 빛 대신 전자의 파동(전자파)을 이용하는 현미경의
아이디어가 떠올랐다. 그의 이론에 따르면, 전자파(일반적으
로는 물질파)의 파장은 전자(일반적으로는 입자)의 에너지가
클수록 짧다. 그러므로 전자파의 파장은 전자 에너지를 크
게 하면 얼마든지 짧게 만들 수 있다. 파장만 짧게 한다면 전
자파를 이용한 현미경의 분해능은 얼마든지 높일 수 있다.
이 아이디어에서 바로 오늘날의 전자 현미경이 발명되었다.

전자 현미경은 미시 세계의 비밀을 지키고 있던 벽을 부
수었다. 현재 전자 현미경은 과학 연구의 모든 분야에서 그

전자 현미경의 구조: 확대해서 보려는 것(시료)에 광선 대신 고에너지 전자류를
조사해서 그것을 모아 형광판으로 본다.

위력을 발휘하고 있다. 전자 현미경은 두 부분으로 구성되어 있다. 고에너지 전자류, 즉 전자파를 만드는 부분과 관찰하려는 물체에서 반사 또는 투과한 전자파를 모으는 렌즈 작용을 하는 부분이다. 후자는 광학 현미경의 렌즈 부분에 해당하는 것으로, 전계형 렌즈와 자계형 렌즈 두 종류가 있다. 그렇다면 현재 그 분해능은 어느 정도까지 높아졌을까?

전자 현미경으로도 보이지 않는 기묘한 원자의 구조

최근 고분해능 전자 현미경의 분해능은 무려 1,000만분의 1센티미터에 달한다. 이 고분해능 전자 현미경을 이용하면 고분자(단백질 분자처럼 다수의 원자로 이루어진 거대 분자)의 상을 볼 수 있다. 그러나 원자의 크기는 약 1억분의 1센티미터이므로 아직 원자의 모습은 볼 수 없다.

전자 현미경은 이론적으로는 어떤 작은 것이라도 볼 수 있기 때문에 이는 오로지 기술적 한계다. 따라서 앞으로 기술이 발전해 원자 내부까지 볼 수 있는 초고분해능 전자 현미경이 탄생할 가능성은 있다. 그럴 경우, 고에너지 전자파를 만드는 부분에서 기술적 난관은 전혀 없다. 문제는 오히려 렌즈 부분의 제작이다.

그러나 사실 물리학자들은 원자 구조를 초고분해능 전

자 현미경으로 알아내는 방법을 진즉에 포기한 상태다. 왜일까? 설령 초고분해능 전자 현미경을 사용한다 해도 원자의 구조는 절대 볼 수 없는 성질의 것임을 알기 때문이다.

TIP 고온의 원자에서는 다양한 파장이 방출된다. 어떤 종류의 원자에서 어떤 파장의 빛 덩어리가 방출되는지 나타낸 것을 원자 스펙트럼이라고 한다. 이 원자 스펙트럼의 단서를 잡은 인물이 닐스 보어다.

현재는 나중에 설명할 양자 역학이라는 이론에서 원자의 세부 구조가 완전히 해명되었다. 그러나 그것은 눈으로 볼 수 있는 세부 구조가 아니다. 원자 스펙트럼을 완전히 설명할 수 있는 수식에 따른 것이다. 그리고 미래에 초고분해능 전자 현미경으로 원자의 내부를 들여다봤을 때 우리의 시야에 펼쳐질 광경은 그 수식을 통해 정확히 추정할 수 있다.

그럼 원자의 내부는 어떤 모습일까? 최근 신문이나 잡지 등에서 원자의 그림을 종종 보게 된다. 보통 중앙에 원자핵이 있고, 그 주위를 전자가 궤도를 그리며 돌고 있는 그림이다. 그래서 초고분해능 전자 현미경이 완성돼 원자를 보면, 그 그림 같을 것이라고 생각하는 사람이 많다. 그런데 실제로 원자는 결코 그런 구조가 아니다. 그 그림은 원자의 태양계 모형이라는 것으로, 이해하기 쉽게 단순화한 모형으로 표현한 것일 뿐이다. 이 태양계 모형과 실제 원자의 주요 차이점은 두 가지다.

첫째, 원자핵의 크기는 원자 지름의 10만분의 1 정도라는 사실이다. 원자의 그림을 지름 20센티미터 정도 크기로 그린다면 원자핵의 크기는 약 1,000분의 1밀리미터밖에 되지 않는다. 원자핵은 점으로조차 표현할 수 없을 만큼 작은 것이 된다.

둘째, 핵 주변을 돌고 있는 전자(핵외 전자)는 모형도와 같은 궤도를 그리고 있지도 않거니와 어떤 형태의 궤도도 그리고 있지 않다.

그렇다면 초고분해능 전자 현미경으로 원자의 내부를 볼 수 있게 된다면 어떻게 보일까? 이해하기 쉽도록 가장 간단한 구조를 가진 수소 원자를 예로 들어보겠다. 수소 원자에는 핵외 전자가 한 개밖에 없다.

만일 전자 현미경으로 원자 내부를 본다면

이번 이야기는 이론적으로 예상되는 수소 원자의 내부 광경 사진에 관한 것이다. 그 한 장의 수소 원자의 전자 현미경 사진은 지극히 단순한 것으로, 흑점이 2개 찍혀 있을 뿐이다. 그중 하나의 흑점은 핵의 위치를, 다른 하나는 핵외 전자의 위치를 나타낸다. 이때 흑점의 크기는 핵 및 핵외 전자의 크기와는 무관하며, 사용한 전자파의 파장과 관련이 있다. 사용하는 전자파의 파장이 짧을수록 흑점의 크기는 작아진다. 자, 여기서 모형도처럼 전자가 궤도를 그리며 운동하고 있다고 치자. 그러면 전자의 위치를 나타내는 흑점은 항상 그 궤도상에 있는 한 점에 있을 것이다.

그러나 이 경우에 주의할 점이 하나 있다. 위치를 알기 위해 고에너지 전자를 조사한다는 것은 강한 에너지의 입자를 충돌시킨다는 의미다. 그래서 고에너지 전자를 조사하는 순간 수소 원자의 핵외 전자는 튕겨나가고 만다. 촬영할 때마다 새로운 수소 원자를 촬영할 필요가 있다. 그런데 모든 수소 원자의 구조는 완전히 동일하므로 촬영할 때마다 다른 수소 원자의 사진을 찍어도 수소 원자 내 핵외 전자의 운동 상태를 알 수 있다. 따라서 앞서 말한 수소 원자의 사진을 수천 장씩 촬영해 핵의 위치가 일치하도록 포개서 투시한다. 핵외 전자가 궤도를 그리며 운동한다면 핵외 전자의 위치를 나타내는 다수의 흑점은 당연히 염주처럼 배열되어 그 궤도를 나타낼 것이다.

그런데 실험 결과는 완전히 예상을 빗나갔다. 핵외 전자

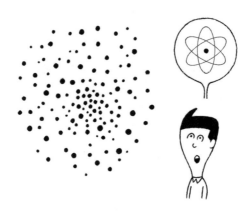

원자핵 주위를 돌아다니는 전자(핵외 전자)는 변덕쟁이라서 일정한 궤도를 그리지 않는다. 전자 현미경으로 사진을 찍어도 무수한 흑점이 찍힌다.

의 흑점은 전혀 궤도를 나타내지 않았다. 대신 마치 사격 표적의 탄흔 같은 분포를 보여주었다. 표적 중심의 탄흔이 핵의 위치를 나타내는 흑점에 해당하고, 그 주위에 중심부일수록 진하고 바깥쪽으로 갈수록 옅게 산재하는 탄흔은 핵외 전자의 위치를 나타내는 흑점에 해당하는 것이다. 이것이 초고분해능 전자 현미경으로 볼 때 예상되는 수소 원자의 모습이다. 다른 원자의 모습도 수소 원자와 거의 흡사할 것으로 보인다. 단지 핵외 전자의 위치를 나타내는 흑점의 수가 많다는 점만 다르다. 이는 다른 원자가 수소 원자보다 핵외 전자의 수가 많기 때문이다.

핵외 전자는 유령처럼 운동한다

여러 가지 방법으로 측정한 바에 따르면, 수소 원자의 핵외 전자는 13.5전자볼트의 에너지를 가지고 핵 주위에 존재하고 있음이 확인되었다. 또 그 에너지를 토대로 계산하면 핵외 전자는 광속도의 약 0.7퍼센트의 속도로 핵 주위를 돌고 있다. 그런데 뉴턴 역학에 따르면, 물체의 운동은 일정한 규칙에 따라 행해진다. 즉 일정한 궤도를 그린다는 의미다. 이는 우리가 익히 알고 있는 상식이다. 그런데 핵외 전자는 운동을 하고 있지만 일정한 궤도가 없다. 달리 말하면, 핵외 전자는 우리의 상식으로는 생각할 수 없는 유령 같은 운동을 하고 있는 것이다.

추리 소설을 읽을 때면 우리는 불가능한 일에 강한 흥미를 느낀다. 아무리 생각해봐도 불가능하다고밖에 생각되지 않는 일이 실제로 일어나면 누구나 그 일이 어떻게 일어났는지에 강한 흥미를 느끼기 마련이다. 이는 추리 소설이 가진 매력 중 하나다. 물리학자에게는 핵외 전자가 궤도를 그리지 않고 돌아다니는 것이 이런 불가능한 일에 대한 흥미라고 할 수 있다. 그렇다면 핵외 전자는 왜 이 유령 같은 현상을 보이는 걸까? 현대 물리학은 사실 이 수수께끼도 규명한 상태다. 그리고 이는 자연의 본질과 깊이 연결된 것임이 밝혀졌다.

물리학은 자연의 본질을 해명했다

단념은 포기가 아니다

알 수 있을까, 알 수 없을까? 그것이 문제로다

미시 세계에서 일어나는 현상은 이미 설명했듯이 우리 감각 세계의 상식으로는 생각할 수 없는 것이었다. 그렇다면 왜 그런 현상이 일어나는 걸까? 그 원인은 사실 자연의 본질에 있다. 그렇다면 자연의 본질이란 무엇일까? 이를 설명한 것이 1927년 독일의 베르너 하이젠베르크$^{Werner\ Karl}$ $_{Heisenberg}$(1901~1976)가 제창한 불확정성 이론[1]이다. 그는 이 이론으로 1932년 노벨 물리학상을 받았다.

이 이론에 따르면, 소립자가 파동과 입자라는 이중성격을 지닌 이유와 핵외 전자가 유령처럼 존재하는 이유를 단순히 자연의 본질 하나가 표출된 것으로 설명할 수 있다.

---

1   요즘에는 '불확정성 원리'라고 부른다.

이 불확정성 이론의 의미를 명확히 하기 위해 먼저 확정성이란 무엇인지 잠시 설명하겠다. 확정성이란 한마디로 물체의 운동에 대해 현재의 지식으로 미래를 결정(예측)할 수 있다는 말이다. 뉴턴의 운동 법칙에 의하면 물체의 운동은 일정한 규칙에 따라 행해진다. 그래서 운동하고 있는 물체를 관측해서 그 물체의 현재 위치와 속도를 동시에 정확히 측정할 수 있다면, 그 물체의 예상 궤도 및 궤도상 임의의 점에서의 속도를 계산할 수 있다.

이 방법을 이용하면 예컨대 다음과 같은 사실을 알 수 있다. 지구와 달의 현재 위치와 속도를 정확히 측정하면, 100년 뒤 몇 월 며칠 몇 시 몇 분 몇 초에 지구상 어디에서 일식을 볼 수 있는지 예측할 수 있다. 또 원거리 지점을 포격하는 경우, 대포의 방향, 포탄의 초속도初速度(발사할 때의 속도), 대기의 온도, 풍속을 알면 포탄은 발사 후 몇 초 만에 어디에 떨어지는지 예측할 수 있다.

그런데 현재의 일기예보에서는 태풍의 진로를 정확히 예측할 수 없다. 이런 경우 태풍의 진로에 확정성이 없다(불확정이다)고 말할 수는 없다. 왜냐하면 예측하지 못하는 이유가 그 진로를 결정하는 데 필요한 여러 측정치를 충분히 얻을 수 없어서이기 때문이다. 만일 현재 필요한 측정치를 충분히 얻을 수 있다면 남쪽 바다에서 발생한 태풍이 열흘 뒤 몇 시 몇 분 몇 초에 어디를 통과하는지 예측할 수 있다. 이처럼 단순히 기술적 이유로 예측할 수 없는 경우에는 확정성이 없다고 말하지 않는다.

동전을 위로 던져 떨어질 때 앞이 나올지 뒤가 나올지, 또 주사위를 던졌을 때 어느 눈이 나올지 따위는 얼핏 예측할 수 없는 것처럼 보인다. 그러나 이런 경우에도 운동의 상태(작용하는 힘의 세기, 방향, 낙하지점까지의 거리 등)를 정확히 알면 그 결과를 예측할 수 있다. 그러므로 역시 확정성이다. 우리는 이런 확정성을 뉴턴 역학의 증명을 기다릴 것도 없이 경험을 통해 믿고 있다. 이른바 우리의 상식인 것이다. 이는 또한 불확정성 이론이 나오기 전까지는 물리학자의 상식이기도 했다. 불확정성 이론은 이 상식을 뒤집은 것이기 때문이다.

보는 것만으로 물체의 운동에 변화가 일어나다

자, 불확정성 이론은 어떻게 이 상식을 뒤집은 걸까? 물체의 운동을 정확히 예측할 수 있으려면 물체의 현재 위치와 속도를 동시에 정확히 측정할 수 있다는 것이 전제 조건이다. 그렇게 하면 뉴턴 역학으로 계산이 가능하다.

그런데 이제부터 설명하려는 불확정성 이론은 물체의 위치와 속도를 동시에 정확히 측정할 수 있다는 인식이 잘못된 것이며, 사실 위치와 속도는 동시에 정확히 측정할 수 없다고 주장한다. 따라서 물체 운동의 미래는 예측할 수 없는 것, 즉 불확정성이라는 것이다. 앞서 말한 확정성을 부정하는 것이다. 이 말에 여러분은 '이상한 이론이네. 그럼 현실에서 일식이 일어나는 일시와 장소를 예측하거나 착탄 지점을 산출하는 일이 가능한 것과 모순되잖아'라는 생각이 들 것이다. 그러나 이는 모순되지 않는다.

그 이유는 지구, 달, 포탄, 그리고 그보다 작지만 감각으로 알 수 있는 크기의 물체에서는 그 불확정성의 영향이 거의 눈에 띄지 않을 정도이기 때문이다. 그런데 초감각적으로 작은 소립자, 그중에서도 특히 작은 전자 따위에서는 불확정성이 현저하게 나타난다. 이는 불확정성이 일어나는 원인을 알면 쉽게 이해할 수 있으니, 이번에는 그 원인에 대해 살펴보자.

우리가 물체를 관찰한다는 것은 물체에 어떤 힘이 미치고 있는 상태를 안다는 의미다. 이를테면 날아가는 야구공을 눈으로 본다는 건 그 공에 광자가 충돌했다가 반사되는 상태를 보는 것이다. 어떤 방법을 쓰든 아무 힘도 미치지 않는 물체를 보기란 불가능하다. 그런데 물체의 운동에 힘이 미치고 있다는 것은 그 물체의 운동을 교란시키고 있다는 뜻이다. 이것이 불확정성의 원인이다. 즉 관찰로 인해 이런 교란이 일어나기 때문에 운동하는 물체의 위치와 속도를 동시에 정확히 알기란 불가능하다.

큰 물체의 운동인 경우에는 그 교란이 거의 문제가 되지 않는다. 방금 야구공을 예로 들었는데, 이 경우에는 눈에서 느낄 만큼의 광자가 부딪혀도 공의 속도는 거의 변하지 않는다. 불확정성의 영향이 거의 나타나지 않는 것이다. 그러나 미시 세계에서는 예컨대 천천히 움직이는 전자에 광자가 단한 개라도 충돌하면 전자의 속도는 심하게 교란된다. 그래서 관찰한 순간(광자가 충돌한 순간) 이후의 위치는 예측할 수 없게 된다. 불확정성의 영향이 크게 나타나는 것이다.

그런데 이처럼 어떤 방법(기술)을 써도 불가능한 경우, 원리적으로 불가능하다고 말한다. 이론적으로 불가능하다고도 할 수 있다. 이를테면 지구가 구체인 한 지구 표면의 끝을 발견하기란 이론적으로 불가능하다. 구면에 끝이 없다는 것은 기하학의 정리다. 이런 경우, 지구 표면의 끝을 발견하는 것은 원리적으로 불가능하다고 말한다. 소립자의 세계에 대해 말하자면, 소립자의 위치와 속도를 동시에 정확히 측정하는 일은 원리적으로 불가능한 것이다.

'단념'은 '창조'의 모체

우리는 정확한 위치와 속도를 생각하는 일에 익숙하다. 또 뉴턴 이후의 물리학도 정확한 위치와 속도를 동시에 결정할 수 있음을 전제로 해왔다. 그런데 물리학은 어디까지나 실험적 사실에 기초를 둔 학문이다. 따라서 자연이 불확정이라면, 원리적으로는 동시에 정확하게 측정할 수 없는 위치와 속도를 생각하는 것은 물리학적으로 아무런 이득이 되지 않는다.

이런 경우에는 어떻게 해야 할까? 물리학자는 기존의 사고방식에 집착하기를 단념한다. 이런 사고를 '단념의 철리^{哲理}'라고 한다. 미리 말해두지만, 이 '단념의 철리'는 단순한 '포기'가 아니다. 새로운 개념을 창조하기 위한, 쓸모없는 낡은 개념에 대한 집착을 단념하는 것이다. 이는 물리학에서 가장 새로운 사상이다. 그렇다면 관찰로 인한 교란 때문에 원리적으로 위치와 속도를 동시에 정확하게 측정할 수 없는 경우, '단념의 철리'를 어떻게 이용하면 좋을까? 이에 대해서 하이젠베르크의 해답을 이제 설명하겠다.

위치와 속도의 새로운 관점, '불확정성 이론'

우리가 더 이상 정확히 알 수 없다는 한계

관측으로 인해 위치와 속도에 전혀 예상할 수 없는 변화가 생긴다는 것은 위치와 속도 자체에 우리가 원리적으로 더이상 정확하게 알 수 없다는 한계가 존재한다는 것은 아닐까? 하이젠베르크는 이런 생각에서 정확한 위치와 속도의 개념을 버리고, 항상 어느 정도 정확도에 한계가 있는 위치와 속도를 생각했다. 이런 관점을 세운 뒤 위치에 늘 따라붙는 부정확도, 속도에 늘 따라붙는 부정확도 사이에 반비례 관계가 있음을 발견했다.

이 관계를 식으로 표현한 것을 불확정성 이론이라고 한다. 그는 1927년에 이 이론을 발표했는데, 그 식은 다음과 같다.

　여기서 기호 ≧는 양측이 같다, 또는 좌측 값이 우측 값보다 크다는 의미다. 이 식을 설명하기 전에 이 불확정이라는 말의 의미를 조금 더 설명해두겠다. 이를테면 도쿄역을 출발한 특급 열차가 12시 20분에 요코하마와 오후나 중간 지역을 달리고 있다는 사실을 어떤 방법을 통해 알았다고 하자. 그러나 그 중간 지역의 어디를 달리고 있는지는 어떤 방법을 써도 원리적으로 알 수 없었다고 하자. 이 경우에 위치의 불확정 범위는 요코하마와 오후나 사이의 거리다.

　다음으로 같은 시각에 특급 열차의 요코하마와 오후나 간의 속도가 시속 150킬로미터보다 빠르고 200킬로미터보다 느리다는 건 알지만, 그 이상 정확한 속도를 원리적으로 알 수 없다고 하자. 그 경우에 속도의 불확정 범위는 시속 50킬로미터(200-150킬로미터)이다. 앞의 식은 이 두 가지 불확정 범위의 곱이 어느 일정 값보다 작아지지 않음을 나타낸다.

　그러므로 이 열차의 예로 말하면, 만일 이 열차의 위치가 도쓰카(요코하마와 오후나 사이에 있는 역)와 오후나 사이라는 것을 알았다면 위치의 불확정 범위는 그만큼 줄어든다.

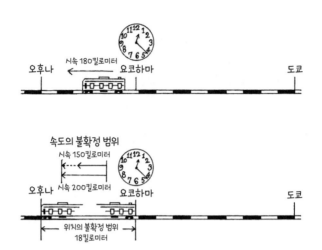

불확정성 이론의 관점에서 본 위치와 속도: 우리의 감각 세계는 위의 열차처럼 어디를(위치) 시속 몇 킬로미터로(속도) 달리고 있는지 알고 있다. 그러나 미시 세계에서는 아래의 열차처럼 어느 범위 사이를, 어느 범위의 속도로 달리고 있다는 것밖에 알 수 없다.

따라서 그 감소한 비율만큼 속도의 불확정 범위가 증가하게 된다. 불확정성 이론은 위치와 속도의 관측 값에 이상과 같은 관계가 있음을 의미하는 이론이다(물론 실제로 달리는 열차의 위치와 속도를 관찰하면 불확정 범위가 이처럼 큰 경우는 없다. 여기서는 이해하기 쉽도록 이야기를 과장한 것으로, 감각 세계의 불확정 범위는 전혀 문제가 되지 않을 만큼 작다).

왜 소립자는 파동의 모습으로 나타날까?

앞에서 소립자가 지닌 파동과 입자의 이중성이 모순되지 않음을 불확정성 이론으로 설명할 수 있다고 했다. 그럼 이제 전자를 예로 들어 살펴보자. 전자가 파동과 입자의 모습을 함께 갖춘 존재라면, 파동과 입자의 이중성의 모순은 해결된다.

지금 하나의 전자가 거의 정지 상태에 있다고 하자. 그럼 현미경의 분해능에서 설명했듯이, 조명 광선의 파장이 짧을수록 물체의 위치를 정확히 알 수 있다. 전자 현미경 부분에서는 원자를 관찰하기 위해 전자로 조명한다고 했는데, 전자의 크기만큼 파장을 작게 할 수 있다면 빛(광자)이라도 상관없다. 이 전자의 궤도를 관측하기 위해, 전자 크기 정도의 짧은 파장의 빛으로 일정 시간 간격으로 전자를 조명해 초고분해능 현미경으로 그 모습을 촬영한다고 하자. 이런 현미경은 현재 존재하지 않지만 원리적으로는 제작하는 게 가능하다.

자, 첫 번째 조명에서 광자는 전자의 위치에서 반사되어 돌아와 전자의 위치를 전자 크기 정도의 정확도로 알 수 있다. 즉 관측한 위치의 불확정 범위가 전자의 크기 정도다. 그런데 광자와 충돌한 전자의 속도의 불확정 범위는 이미 위치의 불확정 범위를 알고 있으므로, 불확정성 이론의 공식으로 계산할 수 있다.

편의상 속도의 불확정 범위가 초속 0미터(정지 상태)에서 초속 100미터 범위 내, 즉 매초 100미터라고 하자. 그러면 조명 1초 후 전자는 어디에 존재할까?

우리가 알 수 있는 것은 첫 조명 때 전자의 위치를 중심으로 전자는 반지름 100미터의 원 안에 존재한다는 사실뿐이다. 전자의 속도는 초속 0미터일 수도, 100미터일 수도 있기 때문이다. 또 그 중간의 임의의 속도일 수도 있다. 뿐만 아니라 물리학에서 말하는 속도에는 방향도 포함되어 있으므로, 어느 방향으로 진행하고 있는지도 알 수 없다. 따라서 우리는 이를테면 조명 1초 후 전자가 그 원 안의 어디에 있는지 원리적으로 예측할 수 없다. 속도의 불확정이 1초 후 전자의 위치를 불확정으로 만든 것이다. 그렇다면 두 번째 조명을 첫 번째 조명 1초 뒤에 행하고 전자를 관찰한다면 어떻게 보일까?

전자는 구름 덩어리를 만든다

두 번째 조명으로 전자는 최초의 위치를 중심으로 한 100미터의 원 안에 있는 한 점으로 발견된다. 그렇다면 이는 원 안에서 원자의 위치가 불확정이라는 사실과 모순되는 것처럼 보인다. 그러나 이는 모순이 아니다.

원 안에서 전자의 위치가 불확정이라는 것은 두 번째 조명으로 전자가 원 안 어디에서 발견되는지 원리적으로 예측할 방법이 없다는 말이다. 예측 가능한 것이라면, 원 안 어디에서든 발견될 가능성이 있다는 것뿐이다. 따라서 만일 두 번째 조명 실험을 동일 조건(첫 번째 조명 후와 같은 상태)에서 몇 번이든 반복할 수 있다면, 각 실험마다 전자는 원 안의 다른 장소에서 발견된다.

그리고 무한 실험을 통해 촬영한 사진을 포개어보면, 전자를 나타내는 점은 원 안에 균일하게 연속적으로 분포해 원을 이룬다. 그래서 두 번째 조명을 하기 직전 전자의 존재 범위는 그 원에 있다고 볼 수밖에 없다. 그 이상 자세한 것은 원리적으로 알 길이 없기 때문이다.

이처럼 세 번, 네 번…… 하는 식으로 전자의 위치를 일정 시간 간격으로 관측하면 결국 전자는 공간이 있는 큰 범위 내에 존재한다는 사실 외에는 알 수 없다. 이 공간의 큰 범위를 그림으로 표현하면 구름 덩어리와 같다. 이제까지 관찰 전에는 거의 정지해 있는 전자를 생각했지만, 만일 전자가 처음부터 고속으로 운동하고 있다면 이 구름 덩어리도 고속으로 이동한다.

이상은 파장이 짧은 광자로 조명한 경우인데, 파장이 긴 광자로 조명하면 어떻게 될까?

이미 분해능 부분에서 설명했듯이, 파장을 길게 하면 할수록 전자의 위치는 더욱 흐릿하게 보일 뿐이다. 그러므로 전자의 궤도를 보기 위해서는 무의미하다. 요컨대 불확정성 이론에 따르면, 전자의 운동은 탄환 같은 것이 날카로운 궤도를 그리며 날아가는 것이 아니라 허공에 떠 있는 구름 덩어리가 고속으로 날아가는 듯한 모습이다.

이처럼 불확정성 이론은 상식적인 입자의 개념을 완전히 바꿔버렸다. 상식적으로는 입자의 운동을 작은 공의 운동에 비유한다. 그런데 불확정성 이론을 통해 본 입자의 운동은 이처럼 기묘한 구름의 운동에 비유할 수 있다. 이 불확정성 이론에 근거한 입자의 모습은 탄환이나 공처럼 날카로운 궤도를 그리지 않고 공간에 퍼져서 나아간다는 점에서는 오히려 파동의 모습에 가깝다.

이와 같이 소립자가 가진 파동과 입자라는 두 가지 상반된 모습이 모순되지 않는다는 것을 불확정성 이론을 통해 설명할 수 있다.

하나의 전자는 두 곳 이상의 장소에 동시에 존재한다

이번에는 초고분해능 현미경으로 보았을 때, 핵외 전자의 궤도가 보이지 않는 유령 현상에 대해 불확정성 이론을 이용해 설명해보겠다. 초고분해능 현미경으로 본다는 것이 전자나 광자를 충돌시켜 관찰하는 대상의 운동을 교란시키는 것이라면, 보았기 때문에 핵외 전자의 궤도를 알 수 없게 된 것은 아닐까? 초고분해능 현미경으로 보지 않을 때는 핵 주위를 궤도를 그리며 돌고 있는 건 아닐까? 그러나 이런 생각은 틀렸다.

이는 다음과 같은 이유를 통해 알 수 있다. 핵외 전자는 핵이 지닌 양전하의 인력을 받으며 운동하고 있다. 핵외 전자의 속도가 빨라지면 핵의 인력을 이겨내고 핵에서 멀리 튕겨나가버린다. 이때의 속도를 탈출 속도라고 한다. 핵외 전자라는 것은 핵에서 멀어지는 속도가 탈출 속도보다 작고 0보다 크다는 것을 의미한다. 그런데 이 속도에 대해 이 이상 정확한 값은 알 수 없다. 따라서 0에서 탈출 속도까지의 범위가 핵외 전자 속도의 불확정 범위다.

그러면 위치의 불확정 범위를 불확정성 이론을 통해 구할 수 있다. 이를 계산하면 원자의 크기가 된다. 이는 핵외 전자의 존재 범위가 원자 내부 전체에 걸쳐 있음을 나타낸다. 이 경우, 이 원자의 크기는 앞서 말한 구름 덩어리가 나타내는 크기에 해당한다.

그렇다면 하나의 전자가 구름 덩어리 안에서 어떤 상태로 존재하는 걸까? 우선 하나의 전자가 구름 덩어리 안에서 실은 궤도를 그리며 돌아다니고 있지만, 우리는 그것을 교란시키지 않고 알아낼 방법이 없을 뿐이라고 생각해보자. 그러면 다음 설명처럼, 간섭 실험으로 중대한 모순에 직면한다.

앞서 설명한, 결정에 전자파를 쪼이는 간섭 실험을 떠올려보자(2장의 "얼마나 작은 것까지 보일까?" 참조). 지금 전자 구름이 결정의 표면에 충돌했다고 하자. 알다시피 간섭 현상은 전자 한 개, 광자 한 개만으로도 일어난다. 그래서 구름 덩어리 안을 돌아다니는 한 개의 전자가 간섭 현상을 일으켜야 한다.

전자파의 간섭 현상이 일어나기 위해서는 결정의 표면에 하나의 광선이 적어도 결정 속 2개의 원자에서 반사돼 2개의 광선이 되고, 다시 그 반사 광선이 하나가 되어야 한다. 전자파 대신 구름 덩어리로 생각하면, 구름 덩어리가 2개로 나뉘었다가 다시 하나가 되는 일이 일어나야 한다. 그렇다면 그때 구름 덩어리 속 전자는 어떻게 될까? 한 개의 전자가 2개로 나뉘는 일은 절대 일어나지 않는다. 그러나 한 개의 전자가 간섭 현상을 일으킨다는 것은 구름 덩어리가 2개로 나뉜다는 말이다. 그러면 그때 한 개의 전자는 2개의 구름 덩어리 속에 동시에 존재해야 한다.

이 현상은 비유적인 예로 표현하면 다음과 같다. 지금 어떤 사람이 교토에서 도쿄로 온다고 하자. 그는 나고야에서 도카이도선이나 주오선 중 하나를 통과해 도쿄로 올 수 있다. 하지만 도카이도선과 주오선을 동시에 통과해서 도쿄로 올 수는 없다. 그런데 만약 그가 전자라면 도카이도선과 주오선을 동시에 통과해 도쿄로 올 수 있다(다른 소립자도 마찬가지다). 그렇다면 어떻게 그런 일이 가능할까?

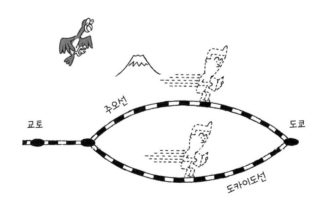

인간이 전자라면 도카이도선과 주오선을 동시에 타고 도쿄로 올 수 있다.

지금 전자구름이 일본 중부에서 관동 일대에 퍼져 있다고 하자. 그리고 그 구름 덩어리 속에 전자가 여기저기 동시에 존재한다고 하자. 그러면 전자는 주오선 열차 안에도, 도가이도선 열차 인에도 동시에 존재할 수 있다. 하지만 하나의 전자가 2개의 장소에 동시에 존재한다면, 2개의 전자가 존재하는 것이나 다름없다고 강하게 반발하는 사람도 있을 것이다.

그런데 '존재'라는 의미를 조금 수정하면 이 모순에서 벗어날 수 있다. 물리학에서는 구름 덩어리 속 전자의 존재에 대해 다음과 같이 표현한다(다른 소립자도 마찬가지다).

"구름 덩어리 속에서는 하나의 전자가 하나의 입자로, 동시에 여기저기 부분적으로 존재한다. 또는 동시에 어떤 확률로 존재한다."

하나의 입자가 부분적으로 존재한다든가 또는 어떤 확률로 두 군데 이상의 장소에 동시에 존재한다는 것은 상식적으로는 도저히 그 의미를 생각할 수 없다. 요컨대 이 표현은 구름 덩어리 속에서는 일반적 의미의 입자의 존재 개념이 통용되지 않음을 보여준다. 핵외 전자의 운동이 궤도를 그리지 않는 유령 같은 운동이라는 말도 이제 이해할 수 있을 것이다.

야구공에도 파장이 있다

이제 불확정성 이론을 한발 더 들어가 생각해보자. 지금까지는 이야기를 쉽게 풀어나가기 위해 위치와 속도를 동시에 정확히 측정할 수 없다고 했으나, 올바른 표현은 위치와 운동량이다. 운동량이란 입자의 질량과 속도의 곱을 말한다. 입자의 운동량이 클수록 그 에너지도 커진다.

불확정성 이론이 소립자의 운동에 중대한 영향을 미치는 경우는 그 소립자의 운동량이 작은 경우다. 운동량이 큰 경우에는 운동량의 불확정이 있어도 그 소립자의 운동량에 대한 불확정 비율이 작기 때문에 불확정의 영향은 거의 문제되지 않는다. 이를 다음과 같이 생각할 수도 있다. 소립자의 위치를 측정할 때는 운동량이 큰 것일수록 교란되는 정도가 작다.

또 운동량이 크면 그 소립자의 파장이 짧아져 파동으로서의 성질이 검출되기 힘들다. 요컨대 운동량이 큰 소립자는 불확정의 영향이 적고 또 파동성이 약하며, 따라서 입자성이 강하다. 상식적으로 생각할 수 있는 입자의 성질이 뚜렷해지는 것이다. 쉽게 이야기하면, 날아가는 야구공이 관찰 때문에 빛에 쪼여도 교란되지 않고 또 파동성을 볼 수 없는 이유는 운동량이 매우 커서 파장이 아주 짧기 때문이다. 날아가는 야구공의 파장은 원자핵 지름의 약 10억분의 1의 또 1억분의 1이다.

이상의 설명을 통해, 감각 세계의 상식을 미시 세계에 가져갔기 때문에 발생한 오류의 원인을 확실히 알 수 있다. 소립자는 크기가 작을 뿐 아니라 질량도 매우 가볍다. 이처럼 가벼운 입자는 원자 안에서는 극히 작은 운동량만 가진다. 이 극히 작은 운동량의 소립자에게 탄환이나 야구공처럼 감각으로 느낄 만큼 큰 운동량을 가진 물체의 운동 법칙을 적용하려 한 것이 애초에 오류의 원인이었던 것이다.

자연의 안정을 지키는 플랑크 상수

양자 역학이 어려운 학생은 'h'에 약한 학생

불확정성 이론 자체에 대해서는 이미 자세히 살펴보았다.
그러나 불확정성 이론의 진짜 재미는 아직 맛보지 못했다.
불확정성 이론이 자연의 본질과 관련된 문제를 가진 점에 대
해서는 아직 설명하지 않았기 때문이다. 불확정성 이론의 존
재는 조물주의 기막힌 솜씨가 표출된 것이다. 이에 대해 이
야기하는 것이 지금까지 불확정성 이론에 대해 자세히 설명
해온 진짜 목적이다. 앞서 소개한 불확정성 이론의 공식은
설명을 위해 단순화한 것이다. 정식으로 쓰면 다음과 같다.

위치의 불확정 범위 × 운동량의 불확정 범위 ≥ 플랑크 상수

이 식에 쓰여 있는 플랑크 상수란 작용 양자 또는 그냥

양자로 불리며, 보통 'h'라는 로마자로 표기한다.

　미시 세계에서는 뉴턴 역학이 성립하지 않는다. 대신 뉴턴 역학을 불확정성 이론의 조건을 충족시키도록 수정한 양자 역학이라는 역학을 이용한다. 양자 역학에서는 이 플랑크 상수가 자주 사용된다. 그래서 양자 역학을 어려워하는 학생을 'h'에 약한 학생이라고 한다.

　그렇다면 플랑크 상수는 어떤 작용을 하는 걸까? 만일 플랑크 상수 값이 0이 되면, 불확정성 이론의 공식에 대입했을 때 위치와 운동량의 불확정 범위도 0이 된다. 이는 위치와 운동량을 동시에 정밀하게 측정할 수 있음을 의미한다. 그러면 입자와 파동의 이중성도 사라지고 입자는 입자, 파동은 파동으로서만 존재하게 된다. 그리고 양자 역학은 뉴턴 역학으로 환원되니 'h'에 약한 학생은 기뻐할 일이다. 그리고 지금까지 장황하게 설명해온 내용들은 꿈처럼 사라지고, 미시 세계는 그저 우리가 일상생활에서 경험하는 감각 세계의 축소판이 되는 것이다.

　이처럼 플랑크 상수야말로 기괴한 불확정 현상을 일으키는 장본인이다. 이 플랑크 상수의 물리적 의미는 다음과 같이 생각할 수 있다. 자연은 입자의 위치를 나타내는 길이(어느 정점定點에서 입자까지의 거리)라는 양과 같은 입자의 운동

상태를 나타내는 운동량이라는 양에 하나의 제한을 둔 것이다. 제한하는 방식은 우리가 그 유례를 찾아볼 수 없을 만큼 완전히 독창적인 것이다. 즉 자연은 두 양에는 아무 제한도 두지 않고, 두 양의 곱이 어느 값 이하가 되는 것만 금지한다. 그리고 그 어느 값이 플랑크 상수라 불리는 것이다.

발표 당시 누구도 알아주지 않았던 플랑크의 발견

이 자연의 독창적인 기법을 간파해낸 사람이 이 상수의 이름을 따온 것으로 유명한 독일인 막스 플랑크^{Max Planck}(1858~1947)였다.

이 발견은 지금으로부터 약 60여 년 전인 1900년의 일이다. 당시 물리학의 관심사는 흑체 복사 문제였다. 이 흑체 복사 문제란 쉽게 설명하면, 물체를 가열했을 때 방출되는 빛의 파장에 대한 문제다.

일상생활에서 우리가 누구나 경험하듯이 물체를 가열하면 처음에 붉은 빛이 보인다. 물체의 온도가 올라가면서 물체에서 나오는 빛은 빨강, 노랑을 거쳐 파랑, 보라로 변한다. 이 현상을 물리학적으로 보면, 고온 물체에서 나오는 빛의 파장이 온도가 올라감에 따라 짧아지는 현상이라고 말할 수 있다. 자세한 설명은 생략하겠지만, 물리학자들은 이 빛의 파장과 온도의 관계에 대한 실험 결과를 논리적으로 설명할 수 없었다.

그런데 플랑크는 당시 이론에 어떤 가정을 하나 집어넣으면 실험 결과와 완전히 일치하는 식을 이론적으로 유도할 수 있음을 발견했다. 그 가정이란 이론 속에 어느 상수(나중에 플랑크 상수로 불리는 것)를 도입하는 것이었다. 그는 이 내용을 1900년 10월 19일, 베를린에서 열린 독일 물리학회에서 발표했다.

마침 그때 흑체 복사 실험을 하고 있던 하인리히 루벤스 Heinrich Rubens(1865~1922)가 매우 주의 깊게 실험값과 플랑크의 수식을 비교해보았다. 그리고 양쪽이 완전히 일치하는 것에 깜짝 놀랐다. 흥분한 루벤스는 이튿날 플랑크를 찾아갔다. 그는 플랑크에게 당신의 수식이 실험값과 일치하는 건 그저 우연으로 볼 수 없다고, 당신의 수식에는 무언가 기초적인 진리가 담겨 있다고 말했다. 루벤스의 강한 확신에 용기를 얻은 플랑크는 그 뒤 두 달 동안, 이 상수의 물리학적 의미 부여에 그의 인생 최대의 노력을 쏟아 부었다.

그리고 그해 12월 14일, 플랑크는 물리학회에 논문을 제출했다. 그 논문이 바로 플랑크 상수의 존재를 처음으로 밝힌 역사적인 논문이었다. 이 역사적 발견의 발표에 당시 물리학자들이 과연 얼마나 큰 충격과 흥분에 휩싸였을지 누구나 상상할 수 있을 것이다. 그러나 사실은 정반대였다. 플랑크의 역사적 발견은 발표 이후 4년간 거의 아무런 관심도 받지 못한 채 방치됐다. 그의 발견이 당시 물리학의 상식에서 보면 너무도 허무맹랑했기 때문이다.

4년 뒤인 1905년, 아인슈타인이 플랑크 상수를 이용해 광자설을 발표했다. 그의 광자설은 하나의 광자가 가진 에너지는 플랑크 상수와 빛의 진동수의 곱이라는 내용이었다. 비로소 플랑크 상수의 가치를 학계에서 인정한 것이다.

이제까지 물리학에서의 이론적 대발견은 20대 사람에게서 나온다는 정설이 있었다. 그러나 플랑크는 이 정설을 뒤집은 사람이다. 그는 당시 베를린대학교의 교수로 마흔두 살이었다. 그리고 학위를 받은 지 이미 21년이나 지난 뒤였다.

아인슈타인이 광자설을 발표한 뒤 20년이 더 흘러 1923년 드브로이가 플랑크 상수를 이용해 물질파 이론을 발표했다. 그의 이론에 따르면, 물질파의 파장은 플랑크 상수를 운동량으로 나눈 값과 같다. 그리고 1927년 하이젠베르크가 역시 플랑크 상수를 이용해 불확정 이론을 발표했다.

여기서 잠깐 재미있는 이야기를 하나 하겠다. 자신의 광자설에 플랑크 상수를 이용한 아인슈타인이, 마찬가지로 플랑크 상수를 이용한 불확정성 이론에는 강하게 반대했다는 사실이다. 아인슈타인은 지식보다 상상력이 더 가치가 있으며, 우리의 상식뿐 아니라 공리조차 바뀔 수 있음을 실제로 보여준 사람이다. 그런 인물이 불확정 개념에 거세게 반발하며 언젠가 이 오류를 바로잡을 날이 올 거라 죽는 순간까지 믿었던 것이다.

별, 지구, 인간 모두 플랑크 상수 덕분에 존재한다

그렇다면 이 플랑크 상수의 존재는 어떤 의미를 지니고 있을까? 오늘날 플랑크 상수는 이것 없이는 양자 역학, 원자 물리학, 소립자론, 물성론, 물리화학도 존재할 수 없을 만큼 중요한 존재다. 그러나 물리학자들은 이 중요한 플랑크 상수가 존재해야 할 필연성을 증명하지 못한다. 바꿔 말하면, 플랑크 상수가 왜 존재해야 하는지 증명할 수 없다.

하지만 플랑크 상수가 존재하지 않으면 이 우주는 현재의 우주와는 전혀 다른 모습이었으리라는 것은 말할 수 있다. 별이나 태양, 지구, 인간 모두 존재하지 않는다는 뜻이다. 이를 설명하기 위해서는 플랑크 상수가 존재하지 않으면 원자가 존재하지 않음을 증명하는 것만으로도 충분하다.

원자 속에서는 핵외 전자가 이리저리 움직이고 있다. 일

직선으로 날아다니면 전자는 원자 밖으로 튕겨나가기 때문이다. 그래서 핵외 전자는 원자의 범위 내에서 끊임없이 방향을 바꿔가며 운동하고 있다. 그런데 물리학에서는 속도가 달라지는 운동뿐 아니라 속도는 같고 방향만 바꿔 운동하는 경우에도 가속도 운동이라고 한다. 따라서 핵외 전자는 가속도 운동을 하고 있는 것이다.

그런데 1861년에 발견된, 영국의 유명한 제임스 맥스웰 James Maxwell(1831~1879)의 전자기장 방정식에 따르면, 가속도 운동을 하는 전자는 전자기파를 방출한다. 이를테면 전자를 안테나 속에서 왕복 운동을 시키면 안테나에서 전자기파, 즉 우리가 전파라고 하는 것이 발사된다. 이것이 전파가 발생하는 원리다. 그리고 지금까지 알려진 모든 전자기 현상을 통해 이 이론이 옳다는 것이 실증되고 있다. 맥스웰의 전자기장 방정식은 현대 물리학에서 가장 중요한 방정식 중 하나로 꼽힌다.

맥스웰 방정식에 따르면, 핵외 전자는 연속적으로 전자기파를 방출하고 있다. 전자기파는 에너지이므로 핵외 전자는 에너지를 잃는 것이다. 에너지를 잃은 전자는 운동 속도가 느려진다. 만일 어느 정도 이상으로 느려지면 원자핵이 가진 전기적 인력을 못 이기고 원자핵 속으로 떨어진다.

플랑크 상수가 0이었다면: 원자핵 주위를 떠도는 전자는 1억분의 1초 이내에 핵으로 떨어진다. 따라서 원자는 존재할 수 없다. 지구도, 태양도, 인간도 존재할 수 없다.

맥스웰 방정식을 이용해 이론적 계산을 하면, 핵외 전자는 전자파를 방출하고 1억분의 1초 이내에 핵으로 떨어진다. 원자가 사라지게 되는 것이다. 즉 원자의 수명(존재하는 시간)은 1억분의 1초 이하라는 말이다. 실제 원자의 수명이 이처럼 찰나에 사라지는 도깨비불 같다면 지금과 같은 원자나 분자도 존재할 수 없다. 따라서 별, 태양, 지구는 물론 인간도 태어날 수 없다. 그렇다면 핵외 전자는 왜 핵 속으로 떨어지지 않는 것일까? 그 수수께끼를 푼 것이 바로 플랑크 상수다. 플랑크 상수가 존재하기에 우주에는 불확정성 이론이 성립하는 성질이 있으며, 전자가 핵으로 떨어질 수 없는 것이다. 이제 그 이유를 설명하도록 하겠다.

유카와 박사만 껄껄 웃어대던 '일부다처제'

지금 핵 속에 전자가 떨어졌다고 생각해보자. 핵 속에 존재하는 전자는 어느 값 이상으로 큰 운동량을 가지면 핵의 전기적 인력을 이겨내고 핵 바깥으로 튕겨나간다. 라듐 같은 방사성 원소가 베타선을 방출하는 것이 그 좋은 예다. 베타선은 핵의 전기적 인력보다 운동량이 많은 전자다. 그래서 핵 속으로 떨어지는 전자는 운동량이 어느 값 이하여야 한다. 달리 말하면, 전자가 핵 속에 존재할 수 있으려면 그 운동량의 불확정 범위가 0보다 크고 어느 값보다 작아야 한다. 또 전자는 핵 속에 존재하므로, 그 위치의 불확정 범위는 핵의 크기가 된다.

이 핵 내 전자의 운동량의 불확정 범위와 위치의 불확정 범위의 곱을 계산해보면, 그 값은 플랑크 상수보다 훨씬 작아진다. 이를 수식으로 나타내면 다음과 같다.

운동량의 불확정 범위 × 위치의 불확정 범위 < 플랑크 상수

이 결과는 불확정성 이론에 위배되므로, 핵외 전자가 핵 속에 갇혀버리는 일은 결코 일어날 수 없다. 따라서 핵외 전자는 가속도 운동으로 인해 전자파를 방출해도 핵으로 떨어지는 일 없이 자신이 방출한 전자파를 바로 흡수한다고 볼 수 있다. 이 때문에 외관적으로는 방사선이 방출되지 않는다. 이 이야기는 플랑크 상수가 원자라는 존재의 안정성을 보증하며, 따라서 자연의 안정을 유지하는 무언가임을 나타낸다.

플랑크 상수는 매우 작은 값으로, $6.625 \times 10^{-27} \times$에르그$\times$초라는 숫자로 표시된다(에르그는 물리학에서 쓰이는 에너지 단위다. 1에르그$=6 \times 10^{11}$전자볼트). 만일 플랑크 상수 값이 이보다 크거나 작았다면 자연은 상당히 다른 모습이었을 것이다. 어쩌면 어딘가에 플랑크 상수 값이 다른, 즉 모습이 다른 자연(우주)이 우리가 사는 우주와는 별개로 존재하는지도 모른다.

이처럼 플랑크 상수의 존재는 조물주가 두 물리량(여기서는 위치와 운동량)의 곱의 크기에 최솟값을 부여함으로써 자연을 제어하고 있음을 보여준다. 그렇다면 인간 사회의 법률에 자연이 행하는 기발한 기법을 응용하면 어떻게 될까? 이와 관련해서는 추억 하나가 떠오른다.

수년 전 가을, 포도의 계절에 유카와 히데키[湯川秀樹] 박사 부부가 고후 시를 방문했을 때 고후 시 청년회 주최로 부부 환영회가 열렸다. 그 환영회에 나도 초대받았다.

환영회는 유머 넘치는 분위기 속에서 동반한 아내와 자신을 소개하는 연설로 진행되었다. 그리고 내 차례가 왔을 때, 소립자 이론의 대가 앞에서 내 머릿속에 플랑크 상수에서 힌트를 얻은 재미있는 아이디어가 불쑥 떠올랐다. 나는 아내를 소개하는 것도 깜빡한 채 큰 목소리로 말했다.

"저는 방금 큰 발견을 했습니다. 자연의 법칙은 자연의 완전한 자유에 대한 제한입니다. 마찬가지로 인간 사회의 법률도 인간의 완전한 자유에 대한 제한이죠. 하지만 일부일처제는 너무 지나친 게 아닐까요? 자연에는 두 물리량의 곱의 크기에 제한이 있습니다. 이 방법을 결혼제도에 응용하면 어떨까요? 이를테면 일부일처제 대신 아내의 수와 자식 수의 곱에 제한을 두는 겁니다. 그 제한수를 6이라 하겠습니다. 그러면 최대한 아내 하나와 아이 여섯, 또는 아내 둘과 아이 셋, 아내 셋과 아이 둘, 아내 여섯과 아이 하나를 두는 게 허용되죠. 게다가 이 제도의 우수한 점은 결혼 목적이 쾌락인 사람은 아이를 갖지 않으면 무한대 수의 아내를 얻을 수 있다는 겁니다(6을 무한대로 나누면 0). 또 결혼 목적이 종족 보존인 사람은 무한대 수의 아이를 갖는 게 허용되죠. 요컨대 하나의 제도가 쾌락과 종족 보존이라는 상반되는 목적에 쓰일 수 있는 겁니다."

주빈인 유카와 박사는 껄껄대고 웃었다. 그러나 이 유머의 의미 역시 플랑크의 발견과 마찬가지로 대다수의 사람들에게 호응을 얻지 못했다. 호응은커녕 위험한 사상을 가진 사람이라는 인상만 준 듯했다.

우주의 수수께끼를 푸는 소립자의 활약

별은 영원히 빛날까?

우주는 소립자에서 시작되었다

지금까지 물질 속 소립자의 신비로운 성질에 대해 이야기했다. 여기서는 그 지식을 바탕으로 우주 공간에서 벌어지는 소립자의 활약에 대해 살펴보도록 하자. 우리가 생각할 수 있는 가장 작은 존재인 소립자가 거대한 우주 속에서 다양한 활약을 하고 있다.

우주에서는 어떤 소립자가 활약하고 있을까? 먼저 양성자와 전자 대부분은 수소 원자를 구성하고 있다. 그 수소 원자의 절반가량은 별을 만들고, 나머지 절반은 광활한 우주 공간에 산재해 있다. 후자는 성간星間 물질이라고 부른다. 성간 물질은 원자 형태로 존재하는 것과 분자 형태로 존재하는 것이 있다. 이외에도 별이나 성간 물질 속에는 수소 원자보다 무거운 원자(탄소, 산소, 철 등)도 소량 있다. 그 원자핵에는

수소 원자와 달리 중성자가 포함되어 있다.[1]

소립자 중에는 이와 같이 원자나 분자를 만들뿐 아니라 단독으로 활약하는 것도 있다. 바로 빛, 다시 말해 광자와 우주선宇宙線이다. 우주선은 고속으로 우주 공간을 날아다니는 양성자를 말한다. 이 밖에도 또 하나, 단독으로 날아다니는 특수한 소립자가 있다. 바로 중성미자라는 소립자로, 제법 만만치 않은 존재다. 중성자는 단독으로는 거의 존재하지 않는다. 중성자는 양성자와 전자, 중성미자로 붕괴된다.

이상이 우주 공간에서 볼 수 있는 소립자의 활약상이다. 따라서 우주는 별과 성간 물질, 그리고 그 사이를 날아다니는 빛, 우주선, 중성미자로 가득 차 있다고 할 수 있다. 이들은 모두 서로 밀접한 관계를 맺으며 초거대한 규모로 신비한 현상을 전개하고 있는 것이다.

그렇다면 먼저 우주 속 소립자의 활약을 우주의 탄생부터 순서대로 짚어나가도록 하자. 앞에서 우주의 팽창에 대해 설명했는데, 이 현상에서 도출된 허블－휴메이슨 방정식으로 계산하면, 우주가 팽창하기 시작한 것은 약 50억 년 진

---

1 별이나 성간 물질(은하 내 별들 사이에 존재하는 물질) 외에도 많은 물질이 존재하는 것으로 보이지만 그것들이 어디에 있는지, 어떤 상태인지는 아직 밝혀지지 않았다.

이다. 즉 현재의 우주 나이는 50억 살인 것이다. 그렇다면 그 이전의 우주는 어떤 상태였을까? 사실 50억 년보다 이전 우주의 모습은 과학의 힘으로 밝힐 수 없는 검은 베일에 싸여 있다. 이에 대해서 저명한 미국 물리학자 조지 가모브^{George} ^{Gamow}(1904~1968)는 50억 년 전에 우주가 수축 극점에 있을 때 우주의 물질은 초고온 상태가 되었기 때문이라고 설명한다. 그곳에는 더 이상 원자는 존재하지 않으며 초고에너지, 초고밀도인 소립자만 어지러이 날아다니고 있었을 것이다. 그래서 그 이전 우주의 모습을 알려줄 일체의 증거물은 초고온에 모두 소멸됐다는 것이다.

그렇다면 그때 우주의 수축은 왜 발생한 것일까? 그것은 알 수 없다. 하지만 우주가 수축을 시작하면, 가스체가 압축됐을 때 온도가 올라가듯 우주도 수축으로 인해 점점 온도가 올라갔을 것이다. 그리고 상당히 온도가 높아지면 원자 간에 격렬한 충돌이 일어나 원자는 물론 원자핵도 분해되고, 이를 구성하는 소립자만 남았을 것이다.[2]

---

2 빅뱅 우주론에 따르면, 미시 우주가 초고온, 초고밀도 상태로 태어난 후 팽창해서 현재에 이르렀다. 탄생의 순간이나 팽창의 원인은 아직 알려지지 않았다.

납보다 무거운 수소 가스의 형성

초고에너지의 초고밀도 소립자가 어지럽게 날아다니는 용광로에서 어떤 과정을 거쳐 현재의 우주가 태어난 것일까? 이에 관해서는 누구도 100퍼센트 확실한 내용을 말할 수 없다. 그러나 현재의 천문학과 물리학의 지식으로 판단해보면 대략 다음과 같이 생각할 수 있다.

지금으로부터 약 50억 년 전, 소립자가 어지럽게 날아다니는 용광로는 급속도로 팽창하기 시작했다. 그 무시무시함은 말로 표현할 길이 없지만, 군이 비교하자면 수소폭탄의 위력과 흡사하다고 할 수 있다. 그리고 용광로 속에 있던 소립자는 감히 상상도 할 수 없는 초거대 운동에너지를 지닌 채 흩어진 것으로 추측된다. 그런데 왜 폭발이 시작된 걸까? 그 이유는 아직 명확하지 않다. 소립자의 성질과 어떤 관련이 있다고 상상하는 물리학자도 있다. 여하튼 그 결과, 우주의 부피는 급격히 증가하기 시작했다. 흩어진 소립자가 지닌 거대 에너지는 이 부피를 팽창시키기 위해 소비되었다. 그리고 그토록 높았던 우주의 온도는 에너지를 수비하면서 급속히 식어갔다.

팽창을 시작한 지 30여분 후, 비교적 냉각된 우주에는 빛 외에 두 종류의 소립자가 돌아다니고 있었다. 바로 전자와 양성자다. 우주를 돌아다니던 전자와 양성자는 전기적 인력으로 서로 끌어당겼고, 질량이 가벼운 전자는 무거운 양성자의 주위를 돌기 시작했다. 즉 전자는 양성자에 얽매인 상태가 되었다. 그리고 수소 원자가 만들어졌다. 이렇게 최초의 원자가 탄생했으며, 우주가 더욱 냉각되면서 수소 원자 2개가 결합해 수소 분자도 만들어졌다.

TIP　우주에서 92종이나 되는 원자가 존재하는 주요 장소는 지구처럼 항성의 온도보다 저온인 행성이거나 나중에 설명할 말기 시대의 별 내부뿐이다.

　이들 수소 원자와 수소 분자는 혼합 상태로 가스 형태가 되어 존재하고 있었다. 이 가스가 완전히 균일하게 우주에 분포할 가능성은 거의 없다. 불균일 분포가 일어나기 더 쉽다. 예컨대 쌀알을 한 움큼 쥐고 쟁반 위에 흩뿌려보자. 쌀알이 완전히 균일하게 뿌려지는 일은 절대 일어나지 않는다. 같은 이유로 수소 가스도 불균일 분포가 일어난다. 일단 불균일 분포가 일어나면 수소 원자 사이에 작용하는 만유인력은 이 경향을 한층 더 강화한다. 조금 밀도가 높은 수소 가스 구름은 그 만유인력으로 주위에 존재하는 수소 원자를 차례차례 빨아들이며 그 밀도를 더욱 높여간다. 이런 식으

로 밀도가 높은 수소 가스 덩어리가 우주 공간 곳곳에 형성된다.

이 수소 가스 덩어리가 형성되는 단계는 별이 탄생하기 일보 직전이다. 이 수소 가스 덩어리는 자신의 만유인력으로 부피를 수축시켜간다. 그러면 덩어리 중심부는 마침내 가스체이면서 납보다 밀도가 높아지고, 동시에 온도가 상승해 섭씨 1,000만 도 이상의 고온이 된다. 가스체가 압축되면 온도가 상승하는 성질을 지니고 있기 때문이다.

수소 가스의 핵융합 반응으로 별이 태어나다

이런 고온에서는 수소 원자가 고속으로 운동한다. 그리고 수소 원자 간의 고속 운동이 일으키는 충돌은 복잡한 중간 현상을 거쳐, 결과적으로 수소 원자핵 4개를 하나의 핵으로 합성(융합)해 헬륨 원자핵을 만드는 현상을 일으킨다. 이를 핵융합 반응이라고 한다. 이때 막대한 에너지가 방출된다. 핵융합 반응이 방출하는 에너지의 크기는 화학 반응으로 발생하는 에너지의 1,000만 배에 달한다. 수소폭탄은 이 핵융합 반응을 아주 짧은 순간에 폭발적으로 일으키도록 고안된 것이다.

수소 가스 덩어리의 중심부에서 이런 핵융합 반응이 일

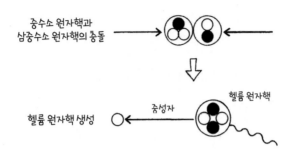

핵융합 반응의 한 예: 양성자 간의 충돌로 중수소, 삼중수소라는 원자의 원자핵이 생성된다. 그리고 그 원자핵끼리 충돌해 헬륨 원자핵이 생기는 것이 핵융합 반응이다. 이때 막대한 에너지가 방출된다.

어나기 시작하면 수소 가스 덩어리는 비로소 빛을 발하며 별의 생명을 얻어 우주 공간의 한 점으로 탄생한다. 이렇게 현재의 우주가 생겨난 것이다.

그런데 핵융합으로 인해 별이 빛을 낸다고 생각하게 된 것은 최근에 이르러서였다.[3]

19세기에는 유명한 독일 물리학자 헤르만 폰 헬름홀츠 Hermann von Helmholtz(1821~1894)와 영국의 켈빈 남작 Lord Kelvin(1824~1907)이 만유인력으로 수소 가스 덩어리가 수축할 때 발생하는 열에너지가 태양의 빛을 내는 에너지원이라

3　1900년대 전반에 기초적인 이론이 제안되었다.

고 생각했다. 그런데 그 이론에 따르면 태양은 2,000만 년밖에 빛을 내지 않는다는 계산이 나왔고, 우주의 나이를 고려하면 몹시 이상한 결과였다.

별이나 태양이 50억 년이나 빛을 발하면서도 사그라질 기세가 보이지 않는 불로장생의 비밀은 오랜 수수께끼였다. 그 비밀이 바로 핵융합 반응임을 밝혀낸 것은 아주 최근의 일이다. 핵융합 반응으로 발생하는 에너지는 화학 반응이나 만유인력으로 발생하는 에너지보다 압도적으로 크며, 그 에너지가 별 내부에서 서서히 발생하고 있기에 별은 오래 살 수 있는 것이다.

태양의 표면 온도는 태양 광선의 스펙트럼(빛을 분광기로 파장의 길이 순으로 분산시킨 것)을 통해 측정하면 약 섭씨 6,000도다. 이 표면 온도를 기초로 중심부의 온도를 이론적으로 계산하면, 약 섭씨 1,900만 도에 달하는 고온으로 추정된다.[4] 대다수 별들의 중심 온도 역시 비슷할 것으로 보인다. 이 온도는 핵융합 반응을 일으키기에 충분한 온도다. 그래서 태양이나 다른 별의 에너지원이 핵융합 반응이라고 보는 것이다. 이 수소 원자가 헬륨 원자가 되는 핵융합 반응으

---

4 최근에는 1,600만 도 전후로 보고 있다.

로 해방되는 에너지의 일부는 빛으로 방출된다. 방출된 빛은 가시광선이 아니라 그보다 훨씬 파장이 짧은(광자의 에너지가 큰) 엑스광선[5]이다. 엑스광선은 가시광선보다 물질 투과력이 훨씬 강하다. 빛이 물질을 투과한다는 것은 물질 내부를 지나가는 빛이 물질 속 원자나 분자에 흡수되지 않고 그 물질을 빠져나갈 수 있다는 뜻이다. 원자와 분자는 종류에 따라 어느 파장의 빛은 잘 흡수하지만 어느 파장의 빛은 흡수하지 않는 성질의 차이가 있다. 즉 원자와 분자는 파장의 크기에 따라 빛을 선택 흡수한다. 엑스광선의 파장은 수소 원자에 조금밖에 흡수되지 않는 크기다. 그래서 엑스광선은 수소 가스 속 투과력도 강하다.

그런데 태양을 예로 들면, 이 투과력 강한 엑스광선이 태양의 중심에서 표면에 도달할 때까지 무려 100만 년이라는 긴 세월이 필요하다. 엑스광선이 도중에 수소 원자와 충돌을 거듭해 조금씩 에너지를 잃으며 지그재그 행진을 하기 때문이다. 그리고 고에너지였던 엑스광선이 태양 표면에 도달했을 때는 도중에 에너지를 소모해 에너지가 낮은, 즉 파장이 긴 가시광선이 된다. 또 태양 표면의 높은 온도에 달궈진 수

---

5   요즘에는 '엑스선'이라고 부른다.

소 가스와 수소 가스보다 무거운 소량의 원자에서도 많은 빛이 방출되고 있다. 이 빛은 대부분 가시광선이다.

우리가 보는 햇빛, 그리고 밤하늘에 보이는 별빛은 이런 식으로 빛을 내고 있다.

매초 약 6억 6,000만 톤의 수소를 태우는 태양

그렇다면 태양이나 별의 수명은 대략 어느 정도일까? 태양의 질량은 약 2조의 1,000조 배($2×10^{27}$) 톤으로, 현재 매초 약 6억 6,000만 톤의 수소를 헬륨으로 융합해가며 태우고 있다. 태양이 지금과 같은 기세로 계속 수소를 태운다면, 앞으로 500억 년이나 탈 수 있다는 계산이 나온다. 망원경으로 보이는 범위 내에 존재하는 1조의 1,000억 배 개의 별도 태양과 같은 방식으로 타고 있다. 따라서 별들도 각각의 크기에 따라 수명을 계산할 수 있다. 하지만 태양이나 별의 일생은 사실 그리 단순하지 않다.

태양이나 별은 전체 수소의 약 15퍼센트를 소비할 때까지는 지금까지 그래왔듯이 정상적으로 다오른다. 그러나 그 다음에는 어떤 변화가 일어난다. 전체 수소의 약 15퍼센트를 소비하면 수소의 소비율이 급격히 증가하기 시작하면서 온도가 급상승하기 때문에 지금 크기의 50배에서 100배로 부풀어 오른다. 그리고 붉은색으로 빛나는 적색거성이라는 별이 된다. 이 상태로 수소의 약 60퍼센트까지 소비하면, 이번에는 온도가 내려가면서 내부 압력이 감소하기 시작해 만유인력에 의한 완만한 수축이 일어나기 시작한다. 수축이 계속되면 별의 부피는 점점 작아지고 온도가 올라가 백색으로 빛나는 백색왜성이라는 작은 별이 된다. 그리고 남은 수소를다 소비하고 나면 마지막으로 빛을 내지 않고 차가우며 1세제곱센티미터에 1톤이나 되는, 엄청나게 밀도 높은 흑색왜성이 된다. 별이 이런 상태가 되면 우리의 망원경의 시야에서사라진다.[6]

그러나 모든 별들이 이처럼 조용히 생을 마감하지는 않는다. 죽음을 앞에 두고 그 운명에 저항하듯 우주에 어마어마한 폭발을 일으키는 별이 있다. 우주에서 갑자기 발생하는별의 대이변을 신성 또는 초신성 폭발이라 한다. 이 대이변은며칠 전까지 다른 별과 구별되지 않았던 평범한 별이 갑자기밝아져 이전 밝기의 수십만 배가 되는 현상이다. 이것이 신성 폭발이다. 초신성 폭발은 보다 더 극적이어서 신성 폭발

---

6 별의 진화는 별의 질량에 따라 다르다. 여기서 소개한 태양→거성→백색왜성이라는 진화가 그 예다. 별의 진화나 별의 내부 구조에 관해서는 해명되지 않은 부분이 많이 남아 있다.

의 수천 배나 밝아진다. 신성과 초신성의 외관상 차이는 이런 대폭발 규모의 크기다. 폭발의 원인은 서로 조금 다르다.

과거 기록에 의하면, 지금까지 여섯 번의 초신성 출현이 있었다. 이는 모두 은하계 안에서 출현한 초신성으로, 그 밖에 관측되지 않았거나 기록되지 않은 것도 있다. 이 점을 고려하면 초신성 폭발의 빈도는 은하계에서는 50년에 한 번꼴로 추정된다.

중국 천문학자의 기록에는 1054년 7월 4일에 유난히 큰 초신성 폭발을 보았다는 내용이 있다. 그 폭발은 금성보다 밝게 보여서 대낮에도 그 빛을 볼 수 있었다고 쓰여 있을 정도다.

근대적인 관측을 하게 된 뒤로 은하계 밖의 성운에서는 과거 75년간 50번의 초신성 폭발이 관측되었다. 그 초신성들이 가장 밝게 보일 때는 그 별이 속한 성운 전체의 밝기와 비슷할 정도였다.[7]

70억 년 뒤에는 별도 태양도 완전히 타버린다

이처럼 초신성 폭발에는 두 가지 유형이 있다. 이는 별이

---

[7] 관측 기술의 발달로 지금은 하루 한 개 이상의 비율로 초신성이 발견되고 있다.

태어난 시기에 따라 결정된다. 우주가 탄생한 이후에도 별은 조금씩 새로 만들어지고 있다. 그래서 그런 별을 젊은 별이라고 하고, 그 이전부터 존재하는 별을 늙은 별이라고 구별한다.

먼저 늙은 별에서 일어나는 초신성 폭발에 대해 살펴보자. 늙은 별은 만유인력에 의해 수축하고 있으므로, 내부 온도가 상승해도 쉽게 팽창할 수 없는 불안정한 상태다. 그래서 어떤 원인으로 내부 온도가 조금씩 상승하면 핵융합 속도가 빨라져 열이 발생한다(핵융합 반응 속도는 온도가 높을수록 빨라진다). 그러면 그 핵융합 반응의 열로 더욱 온도가 상승해 핵융합 속도는 점점 더 빨라진다.

그리고 마침내 폭발을 일으킬 만한 열이 발생해 별 전체가 폭발하면서 산산이 흩어진다. 몇 분 만에 별을 구성하고 있던 모든 물질이 폭발과 함께 흩뿌려지는 것이므로, 그 위력은 우리의 상상 이상이리라.

또 하나는 비교적 젊은 별에서 일어나는 경우다. 수소 대부분을 태운 별은 만유인력의 작용으로 점차 수축하면서 중심부 온도도 상승해간다. 그리고 높은 온도 때문에 헬륨보다 무거운 원자, 이를테면 탄소, 질소, 산소 등을 만들어내게 된다. 그런 다음 마침내 가장 안정성 있는 철 원자를 만드는 단계에까지 이른다. 이때 온도는 약 섭씨 70억 도라는 초고온으로 추정된다. 이 정도 고온까지는 온도가 높을수록 무거운 원자핵을 융합 반응으로 만들 수 있다.

그런데 그 이상 온도가 올라가면 융합 반응의 역반응이 일어나 철 원자는 다시 헬륨 원자로 분해된다. 더구나 이 분해 반응은 흡열 반응이므로 다량의 열을 흡수한다. 그래서 고온이던 별의 중심부 온도가 급격히 떨어지게 된다. 그러면 갑자기 수축이 일어나 중심부는 바깥 부분에서 가해지는 강한 압력을 견디지 못하고 몇 분 이내에 으깨지고 만다.

이때 별의 바깥 부분에 남아 있던 여러 원자, 즉 산소, 탄소, 헬륨, 그리고 수소 등이 아직 완전히 냉각되지 않은 내부의 고온 부분에 휘말리면서 폭발적 융합 반응이 일어나 마치 수소폭탄의 폭발처럼 별의 바깥 부분을 순간적으로 날려버린다. 그리고 그 자리에는 거의 빛을 내지 않는 작은 별이 남는다.[8]

이처럼 별에 따라 그 일생의 흐름은 저마다 다르다. 그런데 천문학자들은 지금으로부터 약 70억 년 뒤에는 태양과

---

8 현대 천문학에 따르면, 초신성 폭발에는 두 가지 유형이 있다. 하나는 질량이 큰 별이 일으키는 폭발로, 이는 이 구절의 '비교적 새로운 별의 폭발'에 해당한다. 또 하나는 백색왜성이 일으키는 폭발이다.

그 밖의 모든 별들이 완전히 타버려 더 이상 빛을 내지 않을 것으로 예상하고 있다.[9]

9 아주 대략적으로 말하면, 태양의 남은 수명은 50억 년이다. 그러나 태양보다 훨씬 수명이 긴 별도 존재한다. 또 별의 탄생 시기도 제각기 다르고 지금도 여전히 새로 태어나는 별이 있으므로, 이 우주에서 별빛이 사라지는 시기는 까마득한 먼 미래다.

우주의 방랑자들

우주선의 고에너지를 전력으로 바꾸면?

소립자가 떠도는 용광로에서 우주가 탄생했다. 그렇다면 우주선은 어떻게 발생하는 것일까? 우주선은 우주 공간을 빠른 속도로 날아다니는 양성자다. 그러나 정확히 말하면 양성자 외에, 전부 다 합쳐서 양성자 수의 약 1퍼센트인 헬륨과 그보다 무거운 원자의 원자핵이 섞여 있다.

일반적으로 한 개 또는 그 이상의 소립자가 고속으로 날아다니는 것을 방사선이라고 한다. 따라서 우주선도 방사선의 일종이다. 방사선 중에서도 천연 방사성 원소(라듐, 토륨 등)에서 나오는 방사선은 잘 알려져 있다. 이를테면 라듐 같은 방사성 원소에서는 알파선, 베타선 및 감마선이라는 방사선이 나온다.

지금 방사선 속 단 한 개의 소립자 또는 원자핵만 생각해보자. 그러면 우주선이라는 방사선은 라듐이나 원자폭탄의 폭발로 생기는 방사선과는 비교가 안 될 만큼 그 에너지가 크다. 이것이 우주선의 특징이다.

그런데 우주선의 에너지가 엄청나게 크다고 말하면, 그 큰 에너지를 무언가에 이용할 수 없느냐고 질문하는 사람이 많다.

그래서 우주선의 특징인 에너지가 크다는 의미에 대해 조금 설명하도록 하겠다. 앞에서 방사선 속 단 한 개의 소립자나 원자핵만을 생각하자고 한 이유는 방사선 에너지는 한 개의 소립자 또는 원자핵이 가진 에너지로 표현하는 경우가 많기 때문이다.

이에 비해 우리가 일상생활에서 실제로 느끼는 에너지는 수많은 소립자, 원자 같은 에너지의 합계를 말한다. 개개의 소립자 에너지는 작아도 그 소립자의 수가 많으면 그 수에 비례해 총에너지는 얼마든지 커질 수 있다. 그 총에너지야말로 우리가 감각으로 느끼고 생활에 이용할 수 있는 에너지다.

이를테면 수소폭탄이 폭발할 때 인공적으로 만들 수 있는 최대 에너지가 발생하는데, 그때 폭발의 중심부에 있는 분자 하나하나의 평균 에너지는 1만 전자볼트 정도다. 또 타오르는 가스 속 분자 하나하나의 에너지는 약 1전자볼트다.

그런데 우주선 입자 한 개의 에너지는 10억 전자볼트에서 10억 전자볼트의 100만 배 정도에 달하므로, 다른 것과는 비교가 안 될 만큼 크다. 가령 우주선 속 양성자는 각각 에너지의 크기가 다른데, 대부분은 약 10억 전자볼트다. 개중에는 100억의 10억(1×10^{19}) 배 전자볼트를 가진 것도 있다. 이 수치가 지금까지 발견된 양성자의 최고 에너지다.[10] 만일 이 에너지를 빛으로 바꾼다면, 1와트의 전구를 1초간 빛나게 할 수 있다. 그러나 우주선 입자의 수가 매우 적기 때문에, 이를 모아 우리 생활의 에너지원으로 사용하는 일은 불가능하다.

지구의 대기 상층을 향해 내리쬐는 우주선 속 양성자의 수는 매초 약 10억의 10억 배 개로, 엄청난 숫자다. 그러나 소립자의 수로는 적은 편이다. 이를테면 우리 주위에 있는 공기 1세제곱센티미터 속에는 공기 분자의 핵외 전자가 약 300억의 100억 배 개나 있다. 이 수를 지구로 쏟아지는 우주선 속 소립자의 수와 비교하면 우주선 속 소립자의 수가 얼마나 적은지 알 수 있다.

---

10 지금은 100억의 100억(1×10^{20}) 배 전자볼트를 넘는 고에너지 우주선도 관측되고 있다.

여기서 설명한 우주선은 지구의 대기 상층까지 날아오는 우주선으로, 1차 우주선이라고 한다. 이 1차 우주선이 대기 속으로 돌입하면 공기 분자의 원자핵과 충돌해, 나중에 설명할 파이 중간자라는 소립자로 변화한다. 파이 중간자에는 전하를 가진 중간자(하전 중간자)와 중성인 중간자(중성 중간자) 두 종류가 있다.

하전 중간자는 발생 후 바로 성층권 속에서 뮤 중간자[11]라는 소립자와 중성미자로 변화한다. 이 뮤 중간자와 중성미자는 지상까지 내려온다. 중성 중간자는 성층권 속에서 2개의 고에너지 감마선으로 변화한다.

이 감마선은 공기 중에서 고에너지 전자와 고에너지 양전자로 바뀐다. 그 고에너지 전자는 공기 분자 속 원자핵 근처를 지나갈 때 가속도 운동을 한다. 그 결과, 맥스웰 전자기 이론에서 보았듯이 전자는 전자기파를 방출한다. 이런 경우의 전자기파는 파장이 짧으며, 감마선이라고 부른다. 고에너지 양전자는 핵외 전자와 충돌해 2개의 고에너지 감마선으

---

11 훗날 뮤 중간자가 실은 중간자가 아니라는 사실이 판명되었다. 현재는 '뮤 입자'라고 부른다. 이 책에서는 다른 곳에서도 뮤 중간자라는 기술이 있으므로 주의하자. 또 중간자는 쿼크와 그 반물질인 반쿼크로 구성되어 있다. 반물질에 대해서는 7장에서 해설하겠다.

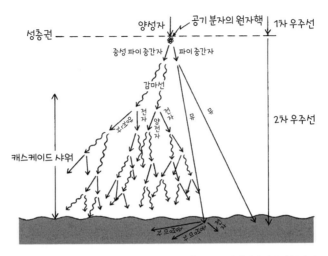

성층권 -- 양성자 / 공기 분자의 원자핵 | 1차 우주선

중성 파이 중간자 / 파이 중간자

감마선

전자

양전자

뮤

뮤

2차 우주선

캐스케이드 샤워

감마선

전자

양전자

뮤온

뮤온

전자

우주 저편에서 날아온 우주선(고에너지 양성자)은 지구 대기권에서 공기 분자의 원자핵과 충돌해 다양한 변화를 일으킨다.

로 바뀐다. 이 변화 과정을 공기 중에서 계속 반복하면, 성층권 속에서 발생한 2개의 고에너지 감마선이 지상에 도달할 때는 다수의 전자와 감마선이 된다. 이 전자와 감마선의 흐름은 그림처럼 폭포 같은 형태를 하고 있다. 그래서 캐스케이드 샤워cascade shower라고 한다. 캐스케이드는 폭포를 뜻한다. 이처럼 1차 우주선에 의해 대기 속에서 이차적으로 만들어지는 우주선을 2차 우주선이라고 한다.

우주선은 신성, 초신성의 폭발로 발생한다

이처럼 거대한 에너지를 가진 우주선은 어디에서 발생하는 것일까? 이는 최근까지 우주에 대한 가장 흥미로운 수수께끼 중 하나였다. 그런데 최근 인공위성, 로켓 등에 의한 우주선 관측, 전파 망원경에 의한 천체 관측, 소립자의 성질에 대한 다양한 발견으로 이 수수께끼는 거의 풀렸다.

1942년경부터 우주선의 일부는 태양 표면에서 폭발을 일으킬 때 발생한다는 사실이 알려졌다. 이 폭발은 1942년 이후 다섯 번 관측되었다. 이 폭발 때 태양 표면의 관측 지점에서 비교적 다량의 전자와 양성자가 방출된다. 이 중 전자는 태양 자기장의 영향으로 나선형 궤도를 그리는 운동(스파이럴 운동)을 한다. 질량이 가벼운 소립자가 이 운동을 하면 싱크로트론 방사선이라는 전자파를 방출해 에너지를 소모한다. 그래서 고에너지 전자는 태양 부근에서 에너지 대부분을 소모한다. 따라서 지구에는 에너지가 작은 전자만 도착한다. 우주선은 에너지가 큰 것이 특징이므로, 이는 우주선이라고 하지 않는다.

한편 양성자는 전자에 비해 2,000배나 질량이 무거워서 스파이럴 운동을 해도 에너지를 잃는 일은 거의 없으므로 고에너지 상태로 지구에 날아온다. 이것이 지구에 도착하는

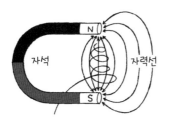

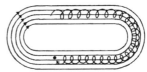

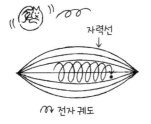

전자는 자기장 속에서 자력선을 따라 스파이럴 운동을 한다.

우주선의 일부가 된다. 태양에서 오는 양성자의 에너지는 개당 수억에서 수백억 전자볼트의 에너지를 갖고 있다. 그러나 우주선 치고는 에너지가 작은 편이다. 그렇다면 다른 대부분의 우주선, 특히 고에너지 우주선은 어디서 어떻게 발생하는 걸까?

대부분의 우주선은 앞서 설명한 신성 또는 초신성이 폭발할 때 발생한다. 신성이나 초신성이 폭빌할 때, 그 별을 구성하고 있던 물질 대부분은 플라스마 구름(이온과 전자의 혼합 가스)이 되어 초속 수천 킬로미터의 속도로 주위 공간으로 확산된다. 그리고 이와 함께 고에너지 양성자, 전자 및 가벼운 원자핵이 방출된다. 이 중 양성자와 원자핵이 갓 태어난 우주선이다.

요컨대 폭발로 인해 신성 또는 초신성의 거대한 초고온 물체 거의 전부가 플라스마 구름과 우주선, 빛과 전자로 한 순간에 바뀐다. 따라서 한 번의 폭발로 막대한 양의 우주선이 발생한다. 우주선의 대부분은 이렇게 발생한다. 그런데 여기서 이제 막 탄생한 우주선의 에너지는 지구에 도착하는 고에너지 우주선의 에너지만큼 크지 않다. 이 우주선은 우주 공간에서 고에너지를 가지게 되는 것이다.

우주의 거대한 자기장의 작용, '페르미 가속'

그렇다면 우주선은 어떻게 고에너지를 지니게 될까? 이는 페르미 가속이라는 현상 때문이다. 페르미 가속은 우주 공간의 자기장 작용으로 발생한다.

여기서 먼저 자기장이 어떻게 발생하는지 알아보자. 자기장은 전하를 가진 입자가 운동하면 그 주위에 생긴다. 이를테면 전자석이 그 예다. 전자석은 철심과 철심을 둘둘 감은 구리선(코일)으로 이루어져 있다. 코일에 전류를 흘려보내면 철심은 자석이 된다. 그런데 철심을 코일에서 제거하면 코일 주위에 약한 자기장이 생긴다. 이는 전류로 인해 자기장이 발생한다는 증거다(철심은 코일에 발생하는 자기장을 강화하는 작용을 한다). 그런데 전류란 도체 속을 흐르는 전자의 흐름이다.

따라서 전류가 흐르는 코일 주위에 발생하는 자기장은 구리선(코일) 속을 흐르는 전자가 원인임을 알 수 있다. 전자가 구리선 속이 아니라 공간을 날아다녀도 그 주위에 전자와 함께 자기장이 발생한다. 또 전자뿐 아니라 전하를 가진 원자, 즉 이온이 날아다녀도 그 주위에 자기장이 생긴다. 우주 공간의 자기장은 이런 식으로 발생한다.

우주 공간의 자기장은 플라스마 구름으로 인한 것과 성간 물질로 인해 발생하는 것이 있다. 플라스마 구름은 전자와 이온으로 구성되어 있다. 그 전자와 이온은 운동을 하고 있기 때문에 플라스마 구름은 자기장을 가지는 것이다. 성간 물질은 별에서 방출되는 엑스광선, 자외선, 우주선 등을 쬐어 그 중 일부가 전자를 잃고 이온이 된 상태다. 그리고 그 이온은 별에서 오는 빛의 압력(빛은 물체에 압력을 가한다)으로 불규칙한 운동을 하고 있다. 따라서 성간 물질 역시 자기장을 만든다. 이 자기장의 세기는 이온의 밀도, 이온의 흐름 속도에 따라 다른데, 은하계 내에서는 평균 10만분의 1가우스 정도다(가우스는 자기장의 단위다. 지구 표면에서의 지자기^{地磁氣} 세기는 몇 분의 1가우스 정도다).

그렇다면 이 자기장은 어떻게 페르미 가속이라는 현상을 일으킬까? 페르미 가속은 이탈리아 출신의 유명한 원자 물리학자 엔리코 페르미Enrico Fermi(1901~1954)의 이름을 딴 것으로, 쉽게 말하면 다음과 같은 현상이다.

수많은 거대하고 무거우면서 단단한 공과 작고 가벼우면서 단단한 공들이 마구 뒤섞여 날아다닌다고 하자. 거대한 공과 작은 공 사이에 어쩌다 충돌이 일어난다. 이 충돌이 수천 번씩 반복되면 평균적으로 작은 공의 속도가 빨라진다. 이는 수학적으로 증명이 가능하다. 이 현상이 페르미 가속이다.

큰 공이 충돌하면 작은 공이 이득을 본다(페르미 가속).

우주선은 고속으로 우주 공간을 날아다닌다. 플라스마 구름이나 성간 물질에 의해 발생하는 자기장 구름도 운동하고 있다. 앞의 예로 말하면, 우주선은 작은 공이고 자기장 구름은 큰 공이다. 양쪽이 충돌한 경우 평균적으로 우주선의 속도가 빨라져 에너지가 커지는 것이다.

우주선이 우주선이 될 때까지는 수천만 년이나 걸린다

이 페르미 가속은 어디에서 발생하는 것일까? 은하계에서 별이 존재하는 범위는 원반 모양이다. 그러나 은하계의 자기장 구름이 존재하는 범위는 원반 바깥으로 비어져 나와 있다. 그 크기는 원반을 에워싸고 있는 지름 약 5만 광년의 구체다. 이 구체를 헤일로라고 부른다. 은하계로 말하면, 페르미 가속이 일어나는 무대는 이 헤일로 내 전 영역이다. 우주선은 태어나서 고에너지가 될 때까지 헤일로 안을 수백만 년에서 수천만 년이라는 긴 세월 동안 떠돈다. 그리고 가속된 우주선의 극히 일부가 지구를 찾아오는 것이다. 또 우주선 중에는 헤일로를 탈출해 끝없는 우수여행을 떠나는 것들도 있다.[12]

---

12 최근에는 초신성 폭발이나 전파 은하 등 활동적인 장소에서의 가속이 유력시되고 있다.

그렇다면 헤일로 내에 자기장 구름이 존재한다는 것을 어떻게 알아냈을까? 앞서 이야기했듯이, 초신성 폭발 때 전자가 발생한다. 이 전자가 헤일로 내 자기장 구름 속으로 날아들면 자기장의 영향으로 스파이럴 현상을 일으켜 싱크로트론 방사선을 방출한다. 그리고 그 방사선의 일부는 지구에 도달한다. 싱크로트론 방사선은 전자기파, 즉 전파이므로 이를 지상에서 전파 망원경으로 포착해, 그 싱크로트론 방사선의 근원(자기장 구름)의 소재를 알 수 있는 것이다.

그런데 우주선은 몇 년 전부터 우주에 존재했을까? 다양한 관측과 페르미 이론을 조합해 추정해보면, 약 1억 년 전부터 현재와 거의 같은 양의 우주선이 은하계에 존재한 것으로 보인다. 다른 성운도 은하계와 대체로 비슷하다. 이와 같이 지금 우주에서는 별, 성간 물질, 플라스마 구름, 자기장 구름, 빛, 우주선이 서로 영향을 주고받으며 활약하고 있다.

우주의 신비를 푸는 중성미자

그런데 별이 빛을 방출할 때, 상당히 독특한 중성미자라는 소립자가 방출된다. 이 중성미자는 우주선 속의 양성자처럼 고에너지는 아니다. 오히려 대부분이 저에너지다. 그러나 경이적인 성질을 지니고 있는데, 바로 강력한 물질 투과력이다.

이 소립자는 한 줄로 늘어선 100만 개의 지구도 관통할 수 있을 만큼의 투과력을 가지고 있다. 거대한 성운도 중성미자에게는 거의 방해가 되지 않는다. 그리고 그 속도는 빛과 동일해 항상 광속도다. 중성미자는 별 내부에서 양성자 융합 반응(수소 원자핵에서 헬륨 원자핵이 만들어지는 융합 반응)이 일어날 때, 빛과 함께 방출된다. 앞서 설명했듯이, 빛은 별의 중심부에서 표면에 도달할 때까지 약 100만 년이 걸리지만, 중성미자는 별의 내부 역시 아무 저항도 받지 않고 광속도로 날아가므로 중심부에서 표면까지 나오는 데 수초도 걸리지 않는다. 빛과 중성미자 모두 에너지를 가지고 있다. 따라서 별은 항상 우주 공간에 빛에너지를 방출하는 동시에 중성미자의 에너지도 방출하고 있다. 계산에 따르면, 태양 및 별이 방출하는 중성미자 전체의 에너지는 빛 전체 에너지의 약 10분의 1이다.

지구에는 태양으로부터 엄청난 양의 중성미자가 쏟아져 내리고 있다. 적게 잡아도 우리 몸에는 매초 약 100조 개의 중성미자가 상하좌우로 관통하고 있다. 더구나 이 대량의 중성미자는 우리 몸에는 어떤 작용도 하지 않고 관통한다. 우리의 일생 동안 약 한 개의 중성미자가 체내에 갇히는 정도

매초 100조 개의 중성미자 입자가 우리 몸을 관통하고 있다.

다. 그리고 체내에 갇히는 동시에 중성미자는 다른 소립자로
바뀐다.

　최근 이 중성미자가 초신성 폭발 전에 그 별에서 특히 다
량으로 방출되는 것으로 알려졌다. 이때 중성미자가 방출되
는 방식은 일반적인 별에서 방출되는 방식과는 다르다. 이는
다음과 같은 방식이다.

　폭발을 일으키는 별은 폭발을 일으키기 수백 년 전부터
그 중심부가 수억 도 이상의 고온 상태인 것으로 추정된다.
이런 고온 물체에서 나오는 빛은 파장이 매우 짧은 빛으로,

즉 에너지가 큰 광자로 이루어져 있다. 그런데 이 에너지가 큰 광자와 광자가 충돌하면 두 광자는 2개의 중성미자로 변화한다는 사실이 최근에 이론적으로 밝혀졌다.

초신성이 되는 별은 이처럼 폭발하기 수백 년 전부터 다량의 중성미자를 우주 공간에 방출하고 있다. 일반적인 별과는 달리 그 중성미자의 전체 에너지는 같은 별에서 나오는 빛에너지보다 훨씬 큰 것으로 추정된다. 초신성 정도는 아니지만, 신성 역시 폭발 전에 다량의 중성미자를 방출하는 것으로 보인다.[13]

그렇다면 이렇게 별에서 탄생한 중성미자는 그 경이적인 물질 관통력을 지닌 채 오로지 우주의 끝을 향해 날아가고 있는 것일까? 나중에 설명하겠지만, 현재 물리학자들은 인공 중성미자의 검출에는 성공했으나 우주 중성미자는 아직 성공하지 못했다.[14] 따라서 확정적으로 말할 수 있는 것은 아무것도 없지만, 현재의 지식으로 상상한다면 우주 중성미자

---

13 최근에는 큰 질량의 별이 초신성 폭발을 일으키는 순간에 대량의 중성미자가 발생하는 것으로 보고 있다. 그리고 폭발 에너지의 99% 이상이 중성미자에 의해 운반된다.

14 지금은 우주 중성미자를 관측하는 일에 성공한 상태다. 특히 초신성 폭발의 중성미자 관측에 처음으로 성공하면서 고시바 마사토시(小柴昌俊)가 노벨 물리학상을 받았다.

의 존재는 우주 팽창의 원인, 현재 우주의 구조와 중대한 관련이 있다는 것이다. 이 상상의 근거는 중성미자와 별 사이에 만유인력이 작용한다고 보기 때문이다.[15]

또 중성미자는 우리의 우주와는 완전히 반대인 반우주의 존재에 대해 생각하게 하는 단서를 제공한다. 이에 대해서는 나중에 자세히 설명하도록 하겠다.

15 현대 천문학에서는 중성미자가 우주의 구조 형성에 깊이 관여했을 가능성이 지적되면서 연구가 한창이다.

시간이 느려지고 공간이 줄어드는 세계

빛은 진공 속을 전파한다

우리의 몸은 매분 약 100개의 뮤 중간자가 관통한다

뉴턴은 시간이 무한의 과거에서 무한의 미래로, 어떤 것에도 영향을 받지 않고 동일한 속도로 경과하는 것이라고 생각했다. 그는 공간의 성질에 대해서도 같은 생각이었다. 즉 공간의 넓이를 측정하는 길이 역시 자연의 어떤 현상에도 영향을 받지 않는 일정불변의 것으로 보았다. 우리가 일상생활에서 막연히 생각하는 상식적인 시간과 공간의 개념도 이와 마찬가지다.

이 상식에 근거해 생각하면, 인간이 광활한 우주를 여행할 때 광속도 로켓으로 여행한다 해도 출발 후 조종사의 남은 수명이 50년이라면 50광년의 범위밖에 날 수 없다. 그러나 이는 시간과 공간의 신비한 성질을 모르는 사람의 답이다. 원리적으로 광속도의 로켓을 만드는 건 불가능하지만,

그 0.9998배 정도 속도의 로켓이라면 원리적으로 가능하다. 그럴 경우 비행사는 약 50광년의 50배, 즉 거의 2,500광년의 먼 거리까지 날아갈 수 있다.

이런 시간과 공간의 신비한 성질은 이론적으로만 생각할 수 있는 것이 아니라 실제로 일어나는 현상이다. 한 예로, 2차 우주선의 하나인 뮤 중간자라는 소립자를 살펴보자(이하 뮤 중간자를 뮤라고 줄여 부르겠다).

2차 우주선은 우주에서 날아온 우주선이 대기 상층(성층권)에서 공기 분자의 원자핵(질소, 산소 등)과 충돌해 이차적으로 생겨난 우주선이다. 그 충돌로 인해 고에너지 양성자는 두 종류의 파이 중간자가 된다. 이 중 한쪽 파이 중간자에서 중성미자와 함께 뮤가 태어난다. 한편 우주에서 날아온 우주선은 1차 우주선이라고 한다.

뮤는 정지한 상태에서 측정하면, 태어난 지 100만분의 1초 후에 소멸해 전자 하나와 중성미자 2개로 변한다. 뮤의 수명은 100만분의 1초인 셈이다.

이 수명은 일체의 외력에 전혀 영향을 받지 않고 일정하다. 따라서 뮤는 시계 역할을 할 수 있다. 그런데 이 뮤가 시간과 공간에 대해 상식적으로는 믿을 수 없는 불가사의함을 보여준다.

먼저 두 가지 관측 사실을 제공하겠다.

1. 첫 번째 사실

뮤는 지상 약 15킬로미터 높이의 성층권에서 파이 중간자가 붕괴되면서 생성된다. 이는 기구, 로켓을 이용한 우주선 관측으로 확인되어 일절 의심의 여지가 없다.

2. 두 번째 사실

뮤는 거의 광속도에 가까운 속도(광속도의 0.9998배), 즉 초속 약 30만 킬로미터로 지상에 쏟아진다. 우리의 몸은 지금도 뮤가 관통하고 있다. 그 수는 매분 약 100개다. 우리의 몸속에 머무는 뮤도 있으나, 대부분은 땅속까지 돌입하고 나서 멈춘다. 그리고 멈춘 뮤는 전자와 중성미자로 붕괴된다. 이 또한 관측 장치를 이용해 쉽게 실증할 수 있다.

자, 이 두 가지 실험 사실은 상식으로는 도저히 설명할수 없는 모순을 보여준다. 뮤의 비행 속도는 초속 약 30만 킬로미터이므로 뮤가 평생 날 수 있는 최대 거리는 이렇다.

30만 킬로미터 × 100만분의 1초 = 0.3킬로미터

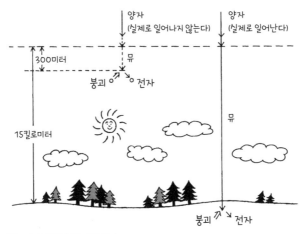

뮤는 자기 수명의 50배를 산다.

　　그런데 앞서 설명한 두 가지 사실은 뮤가 실제로는 15킬로미터 이상 날아간다는 것을 보여준다. 바꿔 말하면, 예상되는 최대 비행 거리의 50배 이상이나 뮤는 날아간다. 즉 수명이 50배나 늘어나는 것이다.

　　뮤의 이 신기한 행동은 무엇을 의미하는 것일까? 이는 뮤가 광속도로 날기 때문이다. 우리는 광속도에 가까운 속도로 나는 물체를 일상생활에서는 볼 수 없다 우리가 아는 가장 빨리 나는 물체는 인공위성을 쏘아 올리는 로켓이다. 그러나 그 속도는 광속도와는 비교가 안 될 만큼 작다는 것을 다음의 예로 알 수 있다.

태양에 가장 가까운 별(센타우루스자리 알파)은 태양으로부터 4광년(40조 킬로미터)이나 떨어져 있다. 만일 로켓이 지구 탈출 속도(지구 인력을 이겨내고 인력권 밖까지 탈출하는 데 필요한 최소 속도)인 초속 11킬로미터로 4광년 거리를 날아가면 약 10만 년이 걸린다. 이제 광속도가 얼마나 우리의 상식을 뛰어넘는 속도인지 느껴지지 않는가?

준광속도 로켓이라면 50년 동안 2,500광년을 날 수 있다

우리의 상식으로는, 출발 후 남은 수명이 50년인 조종사가 일생 동안 2,500광년의 먼 곳까지 날아가려면 로켓 속도를 광속도의 50배로 해야 한다. 그러나 뮤의 예에서 알 수 있듯이, 로켓이 광속도에 가까운 속도로 날 수 있다면 조종사가 살아 있는 동안 거의 2,500광년을 날 수 있다. 이를 조금 정확하게 표현하면 다음과 같다.

"빛이 50년 만에 도달하는 거리는 50광년인데, 로켓이 광속도의 0.9998배의 속도로 난다면 같은 50년 동안 거의 2,500광년의 거리를 난다."

이 이야기는 초보적인 산술에 반하는 기묘한 내용이다. 누구라도 이런 일은 절대 일어날 수 없다고 생각할 것이다. 어째서 광속도에 가까운 속도로 나는 물체에 이처럼 기묘한 일이 일어나는 것일까? 그 이유는 앞으로 소개할 특수 상대성 이론으로 설명할 수 있다.

특수 상대성 이론은 광속도 불변의 원리라는 것이 가장 기초를 이룬다. 그럼 먼저 광속도 불변의 원리부터 살펴보자. 광속도 불변의 원리란 등속도로 운동하는 모든 관측자에게 광속도가 일정하게 보인다는 것이다.

광속도를 측정하려면, 어느 측정된 두 점 간의 거리를 빛이 통과하는 데 필요한 시간을 측정하면 된다. 그리고 그 거리를 통과 시간으로 나누면 된다. 이를테면 1미터 길이 자의 한쪽 끝에서 다른 쪽 끝까지 빛이 도달하는 데 필요한 시간을 측정한다. 그러나 실제로 빛이 자의 양끝을 통과하는 순간의 시간을 직접적인 방법으로 정확하게 측정하기는 힘들다. 그래서 그 시간을 측정하기 위한 다양한 연구가 이루어지고 있다. 여하튼 광속도를 측정하는 방법은 두 점 간의 통과 시간과 두 점 간의 길이를 측정하는 것이다. 이렇게 측정한 가장 정확한 광속도의 값은 초속 2.99792×10^{10} 센티미터(약 30만 킬로미터)다.

자, 이 지식을 바탕으로 '등속도로 운동하고 있는 모든 관측자에게 광속도는 일정하게 보인다'는 말의 의미를 조금 더 구체적으로 설명하면 다음과 같다.

즉 빛이 오는 방향으로 날아가는 사람이 광속도를 측정하든, 빛에서 멀어지는 방향으로 날아가는 사람이 광속도를 측정하든 광속도의 크기는 초속 2.99792×10^{10} 센티미터라는 것이다. 더구나 그 측정자의 속도는 등속도이면 되므로, 속도의 크기는 얼마가 되든 상관없다. 그런데 이 원리를 이해하기 위해서는 먼저 물체의 속도란 무엇인가에 대해 생각해 둘 필요가 있다.

물체의 속도란 무엇인가

물체의 속도를 나타낼 때는 그 속도를 비교할 것(대조물)이 필요하다. 대조물을 명시하지 않을 때는 그것이 너무나도 명확한 경우다. 그러나 어떤 경우든 반드시 대조물이 있다. 이를테면 신도카이도선의 초특급 열차의 속도가 시속 250킬로미터라고 쓰여 있다고 하자. 이 경우, 초특급 열차의 속도 대조물이 되는 것은 지면이므로, 지면에 대해 시속 250킬로미터의 속도라는 의미다.

음파의 속도가 초속 약 30미터라고 한다면, 그 속도의 대조물은 공기다. 수면의 파동 속도가 초속 10미터라고 한다면, 그 속도의 대조물은 물이다. 그렇다면 빛의 속도의 대조물은 무엇일까?

아인슈타인이 특수 상대성 이론을 발표할 때까지는 물리학자들은 에테르라는 가상 물질(유기 물질 에테르와는 다르다)의 존재를 가정하고 있었다. 그 가정에 의해 에테르가 진공 공간을 구석구석 채우고 있으며 빛은 에테르 속에서 발생하는 파동이라고 생각한 것이다. 따라서 빛의 속도의 대조물은 그 에테르가 된다. 빛과 에테르의 관계는 수면 위 파동과 물의 관계와 같다고 생각한 것이다.

그런데 그 가정이 훗날 실험 사실과 중대한 모순을 초래했다. 그 모순이란 다음과 같다. 지구는 태양 주위를 초속 약 29킬로미터의 고속으로 공전하고 있다. 그러니까 지구는 우주를 가득 채우고 있는 에테르 속을 운동하고 있는 것이다. 에테르를 호수에 비유하면 지구는 물속을 헤엄치는 물고기와 같은 존재다. 그리고 에테르에 대한 지구 및 물체의 속도를 절대 속도라고 불렀다.

그래서 지구상의 사람이 보면 에테르는 지구의 운동 방향과 반대 방향으로 지상을 흐르고 있을 것이다. 지구의 운동 방향은 동서 방향이다. 따라서 동서 방향으로 에테르의 흐름이 있을 것이다. 반면 남북 방향에는 에테르의 흐름이 없다. 그러므로 지상에서 빛의 속도를 측정하는 경우에는 다음과 같이 말할 수 있다.

빛을 동쪽에서 서쪽으로 보내 광속도를 측정한 경우와 빛을 서쪽에서 동쪽으로 보내 광속도를 측정한 경우는 지상에서 보는 광속도의 값과는 다를 것이다. 지금 에테르가 동쪽에서 서쪽으로 지상을 흐르고 있다고 치자. 전자의 경우, 빛은 에테르의 흐름에 올라타 에테르 속을 전파하므로 지상에서 보는 광속도의 값은 커지지만, 후자의 경우는 빛이 에테르의 흐름을 거슬러서 전파하므로 지상에서 보는 광속도 값은 작아진다.

이 이야기는 전혀 어려운 이야기가 아니다. 예컨대 강의 흐름을 타고 보트가 나아가는 경우와 강의 흐름과 반대로 가는 경우, 강가에 서 있는 사람이 보면 전자는 보트의 속도가 빠르고 후자는 보트의 속도가 느리게 보이는 것과 마찬가지다. 에테르의 흐름을 강의 흐름에, 빛을 보트에 비유하면 이 이야기가 되는 것이다.

그래서 이를 실험적으로 검증하기 위해 1887년 미국의 앨버트 마이컬슨Albert Abraham Michelson(1852~1931)과 에드워드 몰리Edward Williams Morley(1838~1923)가 매우 정교한 장치를 이용해 유명한 실험을 했다. 그런데 그 결과는 도저히 믿을 수 없을 만큼 기묘했다. 광속도는 에테르의 흐름과는 무관하게 아주 일정했다.

이 기묘한 사실을 당시 물리학자들은 어떻게 설명해야 할지 당혹스러워했다. 사실의 중대성을 깨달은 마이컬슨과 몰리는 수차례 실험을 반복했지만 결과는 마찬가지였다. 당시 스물여섯 살이었던 아인슈타인의 천재적인 통찰력은 에테르라는 매질을 가정한 것이 실수였음을 발견했다.

아인슈타인은 에테르라는 매질을 가정하는 한 이 기묘한 실험 사실을 설명할 수 없다고 생각했다. 그리고 이 실험 사실은 적어도 에테르가 존재하지 않는다는 증거라고 판단했다. 그리고 그는 유령 같은 에테르의 존재를 제거하고, 마이컬슨과 몰리의 실험 사실을 있는 그대로 받아들였다. 그리고 빛은 에테르라는 존재 없이 진공 속을 전파하는 성질이 있다고 생각했다.

아무리 빨라도 빛을 따라잡을 수는 없다

에테르의 존재를 제거하면, 광속도 불변의 원리의 필연성을 이해할 수 있다. 만일 마이컬슨과 몰리의 실험에서 동쪽 방향과 서쪽 방향으로 진행하는 빛의 속도가 달랐다고 하자. 그러면 그 차이는 진공이 지상을 동서 방향으로 흐르는 것이 원인이다. 그런데 진공은 완전히 균일해서 아무런 표시도 할 수 없다. 진공의 흐름은 있을 수 없는 일이다. 바꿔 말하면, 진공의 속도는 존재하지 않는다.

그런데 동쪽 방향과 서쪽 방향으로 진행하는 빛의 속도가 다르게 나타난다면, 존재할 리 없는 진공의 속도를 발견한 것이 된다. 따라서 그런 일은 결코 일어나지 않는다. 그래서 진공 속을 전파하는 빛의 속도는 관측자의 운동 속도와 관계없이 일정하게 보이는 것이다. 달리 말하면, 모든 관측자에 대해서 빛의 속도는 일정하다. 이것이 광속도 불변의 원리다.

그런데 이 광속도 불변의 원리는 시공간에 신비한 성질이 있음을 의미한다. 광속도 불변의 원리가 존재함으로써 다음과 같은 일이 일어날 수 있기 때문이다.

지금 지상에 서 있는 사람이 섬광등을 수평 방향으로 비춘다고 하자. 지상에 서 있다는 것은 등속도 운동의 속도가 0인 경우에 해당한다. 그리고 그 사람이 섬광등을 켜고 100만분의 1초 후에 빛이 도달한 거리를 측정하면, 빛의 속도는 초속 약 30만 킬로미터이므로 빛은 300미터 떨어진 곳까지 비추게 된다(30만 킬로미터×100만분의 1초=300미터).

다음으로 섬광등을 켠 지점에서 빛이 나가는 순간에 빛이 진행하는 방향으로 자동차가 달렸다고 치자. 그 자동차의 지면에 대한 속도는 초속 29만 킬로미터라고 하자. 그러면 그 운전사는 섬광등에서 빛이 나간 순간으로부터 100만분의 1초 뒤에 빛이 지면의 어디까지 비추는 것을 보게 될까?

이 답은 간단하다. 100만분의 1초 뒤에 자동차는 290미터를 간 상태다. 그런데 그때 빛은 300미터 거리까지 비추고 있으므로, 운전사는 빛이 자동차의 10미터 앞까지 비추는 것을 보게 된다.

여기까지가 우리의 상식적인 시공간으로 생각한 답이다. 그런데 광속도 불변의 원리로 생각하면 답은 완전히 달라진다.

역시 그 운전사에게도 100만분의 1초 뒤에 빛이 자신의

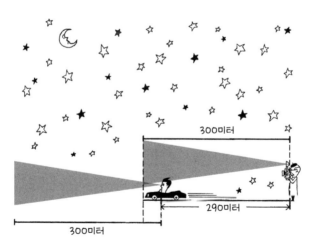

아무리 빠른 자동차로 달려도 빛을 따라잡을 수 없다: 빛의 속도는 초속 30만 킬로미터. 100만분의 1초에 300미터를 간다. 초속 29만 킬로미터의 자동차로 따라가야 100만분의 1초 뒤에 빛이 10미터 앞까지만 도달하는 셈이다.

앞쪽 300미터까지 비추고 있는 것으로 보인다. 운전사가 본 자신에 대한 빛의 속도 역시 초속 30만 킬로미터인 것이다. 만일 빛이 운전사의 앞쪽 10미터까지만 지면을 비추고 있다면, 운전사에 대한 빛의 속도는 초속 1만 킬로미터(10미터÷100만분의 1)가 된다. 이는 실제 광속도의 30분의 1로, 광속도 불변의 원리에 위배된다.

다음으로 빛을 비추고 100만분의 1초 뒤에 본 광경에 대해 지상 관측자와 운전사의 이야기를 들어보자.

· 지상 관측자: "빛을 비추고 100만분의 1초 뒤에 빛은 내 앞쪽 300미터까지 지면을 비추고 있었다."

· 운전사: "100만분의 1초 동안 자동차로 달린 위치에서 보면, 빛은 내 앞쪽 300미터까지 지면을 비추고 있었다."

이처럼 두 사람의 이야기는 상식과는 전혀 일치하지 않는다. 어째서 이런 일이 일어나는 걸까?

아인슈타인은 이를 설명하기 위해서는 상식적인 시공간 개념을 수정해서 새로운 시공간 개념을 만들어야 한다고 생각했다. 그리고 1905년, 새로운 시공간 개념인 특수 상대성 이론을 발표했다.

절대성의 부정, '특수 상대성 이론'

1미터의 막대기는 10미터의 막대기이기도 하다

특수 상대성 이론을 직관적으로 이해하는 가장 좋은 방법은 우리의 마음을 먼저 상식의 올가미에서 해방시키는 것이다. 한 차례 상식을 파괴해서 우리의 마음을 어떤 선입견도 없는 아이의 마음으로 되돌리는 것이다.

일본인이 영어를 이해하기 힘든 이유는 일본어를 바탕으로 영어를 생각하기 때문이다. 언어학자의 말에 따르면, 특정 나라의 언어만 유독 어려운 경우는 없다고 한다. 단지 일단 습득한 지식을 뒤엎는 것이 가장 어렵다는 것이다. 특수 상대성 이론을 이해하기 어려운 이유도 이와 마찬가지다. 상식이 걸림돌이 된다.

그렇다면 상식을 파괴하기 위해, 조금 극단적인 표현이지만 다음과 같이 생각해보자. 여기에 막대기가 하나 있다.

상식에 따르면 그 막대기의 길이는 누가 측정해도 동일하다. 그런데 이 간단하고 의심의 여지가 없어 보이는 사실도 실은 우리의 경험 지식일 뿐이다. 그러니 경험 지식을 부정하고, 막대기의 길이가 측정하는 사람에 따라 다르다고 생각하기로 하자. 막대기 길이의 절대성을 부정하는 것이다. 그러면 단순히 "막대기의 길이는 1미터다"라고 말하는 것은 전혀 의미가 없다. 막대기의 길이를 말할 때는 반드시 측정자의 이름을 말해야 한다. 이를테면 "A 씨가 측정한 막대기의 길이는 1미터다"라고 말한다. 측정자가 다르면 같은 막대기

측정하는 사람에 따라 거리가 다른 것이 특수 상대성 이론의 세계다.

의 길이에 대해 "B 씨가 측정한 막대기의 길이는 10미터다"라고 말한다.

특수 상대성 이론을 이해하기 위해 중요한 것은 이 측정값들이 모두 옳다고 인정하는 것이다. 그리고 단순히 막대기의 길이뿐 아니라 지상의 거리, 우주 공간에서 두 점 간의 거리 등에 대해서도 같은 식으로 받아들인다. 또 길이뿐 아니라 시간과 질량에 대해서도 마찬가지다. 그러면 "나는 1시간 공부했다"는 말은 전혀 무의미하다. "내가 측정한 바에 따르면, 나는 1시간 공부했다" 또는 "A 씨가 측정한 바에 따르면, 나는 5시간 공부했다"라고 바꿔 말해야 한다.

그리고 양쪽 말이 모두 옳다고 인정한다. 이런 식으로 막대기 길이와 마찬가지로 시간의 절대성도 부정한다. 이렇게 상식의 파괴를 완료하고 동심으로 되돌아갔을 때, 길이, 시간, 질량의 값은 측정자에 따라 달라지는 것이라고 느끼게 된다.

속도가 높아지면 물체는 수축하고, 증가하며, 지연된다

특수 상대성 이론에서 등장하는 시간과 공간은 이런 성질의 것이다. 그러나 측정자에 따른 차이는 규칙성이 존재한다. 그 규칙성을 정리하면 다음과 같다.

"정지해 있는 측정자가 운동하고 있는 물체의 길이, 질량 및 물체 내 시간 경과의 속도를 측정하면, 길이는 물체의 운동 방향으로 수축하고, 질량은 증가하며, 물체 내 시간 경과는 지연되어 보인다. 그리고 이 수축하고, 증가하고, 지연되는 비율은 각각 같은 값이다."

여기서 말하는 운동, 정지라는 표현은 완전히 상대적이다. 두 사람의 측정자가 등속도로 운동하고 있을 때, 어느 임의의 한쪽을 정지해 있다고 생각하고, 다른 한쪽을 운동하고 있다고 생각하는 것이다.

이 수축하고, 증가하고, 지연되는 비율은 물체의 속도가 광속도의 90퍼센트 이상이 되어 광속도에 가까워지면 상당히 커진다. 이를테면 앞서 설명한 준광속도 로켓의 경우처럼 지상 관측자가 봐서 로켓의 속도가 광속도의 0.9998배가 됐을 때, 그 로켓을 지상 관측자가 측정할 수 있다고 한다면 로켓의 진행 방향의 공간 길이는 50분의 1로 수축하고, 로켓의 질량은 50배 무거워지며, 로켓 내 시간 경과는 지상 시계가 나타내는 시간 경과의 50분의 1이 된다. 그리고 물체의 속도가 광속도가 됐을 때, 물체의 길이는 0, 질량은 무한대, 시간 경과의 속도는 0이 된다. 그런데 질량이 무한대가 될 수는 없기 때문에 물체가 광속도까지 빨라지는 일은 불가능하다.

이를테면 시간의 속도가 느려진다는 것은 이런 것이다. 만일 승무원이 로켓 내부 시계로 측정해서 1초 간격으로 번쩍이는 빛을 지상 관측자에게 보낸다고 하자. 그 빛이 점멸하는 시간을 지상 관측자가 측정하면 시간 간격이 늘어나 보인다.

지금 이 로켓이 일직선으로 멀어지고 있다고 하자. 준광속도로 날고 있으므로 1초마다 약 30만 킬로미터씩 멀어지고 있다. 따라서 로켓에서 나온 불빛은 지구에 도착하는데 그 직전 불빛보다 항상 약 1초씩 느려진다. 그래서 승무원이 로켓 내부 시계로 측정해서 1초 간격으로 전송하는 빛은 약 1초씩의 지연이 더해져, 지상 관측자에게는 약 51초마다 번쩍이는 것으로 보인다.

이처럼 특수 상대성 이론은 측정자의 운동 상태의 차이에 따라 시간과 공간이 달라지는 것을 의미한다. 이 지식에 의거해, 앞에서 준광속도로 날아가는 로켓에 대해 "빛이 50년 동안 도달하는 거리가 50광년인데, 로켓이 광속도의 0.9998배의 속도로 날면 같은 50년 동안 거의 2,500광년의 거리를 난다"고 설명한 것을 생각해보자. 그러면 이 표현은 전혀 의미가 없음을 알게 된다. 50년 동안이라는 시간, 50광년, 2,500광년이라는 거리는 누가 측정한 것인지 이 표현으로는 알 수 없기 때문이다.

그래서 정확한 표현은 다음과 같다.

"지구상의 사람이 측정해서 빛이 50년 동안 도착하는 거리는 50광년인데, 로켓이 **지구상의 사람이 측정한** 준광속도로 날면, **로켓 내부의 승무원이 측정한** 로켓 내의 50년 동안, **지구상의 사람이 측정한** 약 2,500광년 거리까지 날아간다."

준광속도 로켓 내부의 50년은 지구상의 2,500년

상당히 복잡한 표현이 되었다. 오히려 더 어려워졌는지도 모르겠다. 그렇다면 이를 좀 더 자세히 생각해보자. 먼저 우리는 지구상에 있는 관측자라고 가정한다. 그러면 우리가 보는 로켓의 모습은 다음과 같다.

로켓은 광속도 0.9998배의 속도로 날고 있다. 그리고 로켓 내부의 시간 경과는 특수 상대성 이론에 의해 지구상의 시간 경과의 50분의 1로 느려진 상태다. 따라서 지구상에서 2,500년 경과했을 때, 지구상의 우리가 보면 로켓은 약 2,500광년의 거리를 날아간다. 그러나 우리가 보는 로켓 내부의 시간은 불과 50분의 1인 50년이 지나 있을 뿐이다. 즉 우리가 보기에 로켓이 2,500광년의 거리를 날아갔을 때, 승무원은 지구를 출발했을 때보다 50년밖에 나이를 먹지 않는 것이다.

이번에는 우리가 로켓 승무원이라고 하자. 로켓 창문으로 암흑 속에서 별이 빛나는 우주를 바라보면, 별은 준광속도로 로켓의 진행 방향과 반대 방향으로 지나가고 있다. 마치 열차 차창 밖으로 보이는 시골 풍경처럼 지나간다. 즉 이경우에는 로켓이 정지해 있고 우주가 운동하고 있다고 생각한다. 그리고 별과 별의 거리는 지상에서 우리가 측정한 거리의 50분의 1로, 로켓의 진행 방향(전후 방향)으로 수축되어 보인다. 지상에서 측정했을 때, 로켓의 진행 방향으로 2,500광년 거리에 있던 별이 지금은 불과 50광년 거리에 있는 것처럼 보이는 것이다.

그래서 로켓 안에 있는 우리는 로켓 내부의 시계로 50년간 날아, 로켓에서 50광년 거리로 보이는 별에 도달한 것이 될 뿐이다. 이 사례처럼 지상의 관찰자와 로켓 안 승무원의 이야기를 따로따로 들으면, 이상한 점은 전혀 찾아볼 수 없다. 그런데 앞에서 물체의 길이가 줄어든 것으로 보인디고 쓴 이유는 이해하기 쉽게 하기 위해서였다. 정확히 말하면 공간이 수축하는 것이다.

공간이 수축하면 물질을 구성하고 있는 원자, 원자핵, 전자, 전자기장 등 모든 것이 함께 수축한다. 또 원자 간 거리, 별과 별의 거리도 함께 수축한다. 따라서 준광속도 로켓의 길이는 지구상에서 보면 로켓의 진행 방향으로 50분의 1로 수축해 보인다. 물론 승무원의 몸도 진행 방향으로 수축해 보인다. 만일 이런 수축이 물질에 대해 물리적으로 일어난다면, 지상에 있는 사람은 로켓이 찌그러지고 승무원이 압사하는 광경을 볼 것이다. 그러나 그런 광경을 볼 수 없는 이유는 로켓의 수축이 공간 자체의 수축으로 인해 발생하기 때문이다.

로켓이 빛의 속도에 가까워지면 로켓의 길이가 수축돼 보인다.

그럼 이번에는 광속도 불변의 원리에서 예상한, 초속 29만 킬로미터의 자동차 운전사가 보는 신비한 현상을 특수 상대성 이론으로 설명해보겠다. 이 실험에서 지상에 서 있는 사람과 운전사의 이야기 속에 하나의 가정이 있다는 것을 알아챘을 것이다. 즉 운전사가 측정한 시간과 공간은 지상의 사람이 측정한 것과 동일하다는 가정이다. 이 경우에도 지상에 서 있는 사람(정지해 있는 사람)이 보는 시간과 공간, 그리고 운전사(운동하고 있는 사람)가 보는 시간과 공간을 따로따로 생각할 필요가 있다.

지상에 서 있는 사람에게는 자신의 시계가 100만분의 1초 경과했을 때, 지상의 사람이 본 운전사의 시계는 100만분의 1초를 경과하지 않은 상태다. 또 운전사가 보기에 자신의 시계가 100만분의 1초 경과했을 때, 운전사가 본 지상 사람의 시계는 100만분의 1초를 경과하지 않은 상태다. 따라서 지상에 서 있는 사람의 이야기와 운전사의 이야기 사이에 상식적으로 모순되는 차이가 발생한다.

걷는 사람의 시계는 느리게 간다, 뫼스바우어의 실험 결과

특수 상대성 이론에 의한 시간 지연은 광속도에 가까운 속도일 때 이처럼 현저히 나타난다. 그러나 물체의 속도가 느릴 때는 그 비율이 거의 1이나 마찬가지다. 이를테면 현재 우주 로켓의 속도 정도에서는 1이라 해도 무방하다. 당연히 이는 시간뿐 아니라 길이, 질량에 대해서도 동일하다. 그러나 저속에서도 지연, 수축, 증가 현상은 나타난다. 이를 확인할 방법은 없을까?

시간에 관해서는 독일의 루돌프 뫼스바우어$^{Rudolf\ Ludwig}$ ^{Mössbauer}(1929~)가 아주 획기적인 방법을 발견했다. 그 방법에 따르면, 실험실 내에서 1,000만분의 1의 또 1,000만분의 1초라는 시간 지연에서도 비교적 쉽게 검출할 수 있다.

1960년 내가 미국에 체류 중일 때, 이 발견은 물리학자들의 관심을 한데 모았다. 나 역시 뫼스바우어의 강연을 두 번 들을 수 있었는데, 강연장은 청중으로 가득 차 있었다. 이 뫼스바우어의 방법을 간단히 설명하겠다.

일반적으로 원자핵에는 들뜬상태와 바닥상태가 있다. 들뜬상태는 핵자의 운동이 활발해진 상태다. 이 상태로 만들려면 원자핵을 소립자로 때리면 된다. 들뜬상태의 원자핵은 감마선이라는 파장이 매우 짧은 빛을 방출해 다시 바닥상태로 돌아간다. 바닥상태는 원자핵이 가장 안정된 상태로, 그 상태에서는 아무것도 방출되지 않는다. 그런데 들뜬상태의 핵에서 방출된 감마선은 같은 종류의 원자의 바닥상태인 핵에 상당히 잘 흡수되는 성질이 있다. 이 현상을 '공명 흡수'라고 한다. 뫼스바우어의 미소^{微小} 시간 측정 방법은 이 공명 흡수를 이용한 것이다.

그렇다면 공명 흡수를 어떻게 이용하는 것일까? 지금 들뜬상태의 원자핵을 운동하는 물체 속에 둔다. 그것을 정지해 있는 사람이 보면, 특수 상대성 이론에 의해 운동하는 물체 속 시간 경과가 지연된다. 따라서 그 물체 속 원자핵 내의 시간 경과 역시 느려진다. 그러면 그 핵 속에서 방출되는 감마선의 진동수는 시간의 지연으로 감소된다. 진동수와 파장은 반비례하므로, 이는 감마선의 파장이 길어진다는 의미다.

그런데 감마선의 파장이 아주 조금만 변화해도, 그 감마선은 바닥상태인 같은 종류의 핵에 흡수되기 어려워진다. 그리고 파장의 변화가 클수록 점점 흡수되는 비율이 감소한다. 이를 역으로 이용해, 방출된 감마선이 정지한 물체 속의 바닥상태인 핵에 흡수되는 비율을 측정하면, 그 감마선의 파장 변화의 크기를 알게 되고, 이를 통해 운동하는 물체 속 시간 지연을 알 수 있는 것이다.

구체적인 방법의 한 예는 다음과 같다. 실험실 안에서 바퀴가 달린 상자 안에 들뜬상태의 원자핵을 포함한 물질을 넣어두고, 그 상자를 사람이 달리는 정도의 속도로 움직인다. 그리고 그 상자 안 원자핵에서 나오는 감마선을, 실험실 안에 정지 상태로 둔 같은 종류의 원자핵을 포함한 물질의 얇은 층에 통과시켜, 그 물질이 감마선을 흡수하는 비율을 계수관을 이용해 측정한다.

이 방법으로 상자의 속도를 달리해가며 시간 경과의 지연을 측정한 결과, 그 값은 특수 상대성 이론에서 예상되는 지연과 완전히 일치함을 확인했다. 이 실험 결과를 극단적으로 표현하면, 걷고 있는 사람의 손목시계는 움직이지 않는 사람의 시계보다 시계 바늘이 느리게 간다는 것이다.

전자가 광속도로 날면 지구보다 무거워진다

특수 상대성 이론을 더 깊이 이해하기 위해서, 운동하는 물체는 질량이 증가한다는 사실을 우주선을 예로 수량적으로 설명해두겠다. 현재까지 1차 우주선 중에 발견된 가장 고에너지 양성자는 그 에너지가 10^{19}전자볼트라는 값이다. 이 에너지 값은 그 우주선이 대기 중에 들어와 일으키는 현상을 통해 추정한 것이다. 이 양성자가 정지해 있을 때와 비교해 얼마나 무거워졌는지를 특수 상대성 이론의 수식으로 계산하면, 약 100억 배나 무거워진 상태다. 질량이 100억 배 무거워지면 속도는 얼마인지 다시 특수 상대성 이론으로 산출할 수 있다. 그 속도는 광속도의 0.999……95(0 다음에 9가 20개 붙는다)배에 달한다.

또 거꾸로 특수 상대성 이론에 따라 속도를 통해 질량의 증가를 계산할 수 있다. 그 계산에 따르면, 입자의 속도가 광속도에 한없이 가까워지면 질량은 한없이 커진다. 가령 가벼운 소립자인 전자를 광속도의 0.999999……9(0 다음에 9가 110개 붙는다)배까지 빨리 날게 하면, 그 질량은 지구의 질량과 같아진다. 눈에도 보이지 않는, 1조분의 1밀리미터인 전자가 지구와 같은 무게가 될 수 있는 것이다. 만일 그런 전자가 우주에서 날아온다면 지구에 어떤 일이 벌어질까?

태양이 여느 때와 같이 눈부시게 빛나고 드넓은 하늘에 아무런 이변도 찾아볼 수 없는 평화로운 어느 날, 갑자기 지구는 한순간에 가루가 되어 우주 먼지로 흩어진다. 그야말로 완전 범죄다. 혹여 가까운 천체에서 누군가가 그 장면을 관찰했다 해도 원인을 알아낼 수는 없을 것이다. 그러나 우주선 입자의 속도가 그만큼 빨라질 수는 없으니 걱정할 필요는 없다.

지구 인력에 의한 시간 지연

창시자 아인슈타인도 이해할 수 없었던 '일반 상대성 이론'

특수 상대성 이론은 등속도 운동인 경우에만 해당하는 내용이다. 아인슈타인은 10년간의 노력 끝에 특수 상대성 이론을 가속도 운동인 경우에도 성립하도록 확장했고, 이를 일반 상대성 이론이라 이름 지어 1915년에 발표했다.

일반 상대성 이론은 비유클리드 기하학 중 리만 기하학 (휘어진 3차원 및 고차원 공간을 나타내는 기하학)을 이용해 설명하고 있다. 이는 고도의 추상 수학이다. 그래서 일반 상대성 이론은 발표 당시, 그 이론을 이해할 수 있는 사람이 전 세계에 열 명 정도밖에 없었다고 한다. 당사자인 아인슈타인조차 이해하지 못한 게 아니냐는 말이 있을 정도였다. 그도 그럴 것이 그 이론의 수학적 부분은 그에게 협력한 수학자가 쓴 것이기 때문이다.

일본에서는 고 이시와라 준石原純 박사가 아인슈타인처럼 특수 상대성 이론을 일반화하고자 애썼지만 성공하지 못했다. 수학자를 제대로 이용하지 못했기 때문이다. 그 점에서 일반 상대성 이론은 물리학에 있어서 수학의 위력을 유감없이 보여주고 있다.

그러나 아인슈타인은 물리학에서 수학이 아무리 위력적일지라도 수학은 그저 도구일 뿐이라고 말했다. 물리학에서는 수학을 도구로 사용하는 주체인 물리학적 발상이 중요하기 때문이다. 그래서 여기에서는 난해한 수식은 생략하고 일반 상대성 이론의 발상을 설명하고자 한다.

자, 일반 상대성 이론에서는 가속도 운동인 경우에 어떤 물리 현상이 일어난다고 생각했을까? 아인슈타인은 리만 기하학을 사용해 설명했지만, 여기서는 우주 정거장 이야기로 풀어나가보자.

우주 정거장은 상대성 이론의 실험실

앞으로 우주여행의 중계기지로 대규모 인공위성이 만들어질 것이다. 여기서 말하는 우주 정거장은 이를 말한다. 인공위성은 지구 주위를 공전(원운동)하고 있다. 원운동은 가속도 운동이다. 그러나 인공위성에는 원운동으로 발생하는 원심력과 지구의 인력이라는 두 힘이 작용해 서로 상쇄하고 있다. 그래서 인공위성은 무중력 상태가 된다. 우주 정거장 역시 이와 같은 상태다.

이 우주 정거장에서 다수의 승무원이 장기간 생활하려면 무중력 상태에서는 곤란하다. 우주 정거장은 고리 형태를 하고 있으며, 그 고리가 일정한 속력으로 자전(회전)하고 있다. 그러면 원심력이 작용해 승무원은 고리 바깥 면을 바닥으로 해서 서 있을 수 있다. 상식적으로 이해하기 힘들지만, 이 원심력은 자전에 의한 가속도 운동으로 발생한다. 고리 내부의 승무원은 그가 서 있는 고리 바닥의 일부가 떨어져 나가면 접선 방향(반지름에 직각인 방향)으로, 고리 밖으로 튕겨나가 버린다. 돌멩이를 실에 묶어 빙빙 돌리다가 실이 끊어지면 돌멩이가 실에 직각 방향으로 날아가는 것과 마찬가지다. 이를 통해 고리 바닥이 고리 중심을 향해, 승무원이 밖으로 튕겨나가지 않도록 속도를 가하는 운동, 즉 가속도 운동을 하고 있음을 알 수 있다.

다음에 나오는 그림처럼, 고리 바깥 면을 바닥으로 서 있는 승무원이 자를 원주 방향으로 향했다고 하자. 고리는 회전 운동을 하고 있으므로, 그 승무원이 있는 장소는 중심 방향으로 가속도 운동을 하고 있는 것이다. 그러나 원주 방향

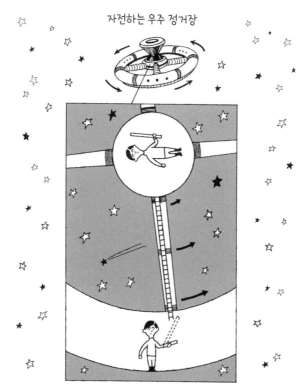

자전하는 우주 정거장

우주 정거장 내부는 무중력 상태이므로 고리를 일정 속력으로 회전시켜 원심력을 이용해 중력을 만든다. 그러면 원주 방향을 따라 공간이 수축한다. 그 수축은 우주 정거장의 중심부에서 가장자리로 갈수록 커진다. 일반 상대성 이론은 이런 공간의 휘어짐을 생각하는 이론이다.

으로는 순간적으로 등속 운동을 하고 있다.

　이번에는 이 자를 우주 정거장의 중심과 같은 속력, 같은 방향으로 날고 있는 로켓에서 관찰한다고 하자. 그런 운동을 하고 있는 로켓은 우주 정거장의 중심에 대해 상대적으로 정지해 있다고 할 수 있다. 그러면 특수 상대성 이론에 의해 로켓을 탄 사람에게는 우주 정거장의 자가 원주 방향으로 짧아진 것처럼 보인다. 또 우주 정거장의 승무원 옆에 시계가 있다면, 그 시계 바늘은 로켓에 탄 사람의 시계 바늘보다 조금 느리게 간다.

다음으로 우주 정거장의 승무원이 자를 고리 중심 방향으로 향했다고 하자. 이를 로켓을 탄 사람이 보면, 자는 중심 방향으로는 운동하고 있지 않으므로 짧아 보이지 않는다. 다음은 승무원이 사다리를 타고 고리 중심부로 간다. 그리고 가는 도중에 자를 원주 방향으로 내밀어본다. 자는 앞의 경우만큼 짧아 보이지 않는다. 중심부로 갈수록 접선 방향의 속도가 느려지기 때문이다.

이상의 관측을 통해, 정지해 있는 사람은 우주 정거장 내의 공간이 원주 방향으로는 가장자리로 갈수록 강하게 수축하고, 지름 방향으로는 수축하지 않음을 알 수 있다. 위치와 방향에 따라 수축 정도가 다른 것은 공간이 휘어 있기 때문이라고 판단할 수 있다.

앞서 설명했듯이, 회전 운동은 일정한 속력의 회전이라 해도 가속도 운동이다. 따라서 이 이야기는 가속도 운동을 하고 있는 우주 정거장 내에서는 공간이 휘어지고, 시간 경과가 지연된다는 사실을 보여준다.

만유인력은 공간을 휘게 한다

그런데 아인슈타인은 가속도 운동과 만유인력이 같은 것이라고 생각했다. 이는 다음과 같은 이유에서다.

우리가 열차에 타고 있을 때를 상상해보자. 열차가 등속도로 진행하고 있을 때는 창밖을 보지 않으면 열차가 움직이고 있는지 멈춰 있는지 알 수 없다. 그런데 갑자기 출발하면 우리는 뒤쪽으로 몸이 쏠린다. 반대로 갑자기 멈추면 앞쪽으로 몸이 쏠린다. 마치 누군가가 밀었을 때와 똑같은 느낌이 든다. 또 승강기에 타고 있을 때도 갑자기 상승하면 우리는 바닥에 눌리는 듯하고, 갑자기 하강하면 공중에 붕 뜨는 것처럼 느낀다.

이런 현상이 일어나는 이유는 뉴턴의 운동 법칙으로 쉽게 설명할 수 있다. 그 법칙에 따르면, 물체는 현상 유지를 하려는 성질(관성)이 있다. 즉 정지해 있는 물체는 계속 정지하려 하고, 움직이는 물체는 계속 등속 운동을 하려고 한다. 그래서 가속도 운동을 하는 열차나 승강기 안의 우리는 현상 유지를 하려고 하는데, 탈것의 가속도 운동으로 인해 억지로 움직이게 된다. 그래서 탈것 안에서는 우리도 탈것과 함께 가속도 운동을 시키려는 힘이 열차나 승강기 안에서 우리를 미는 힘으로 나타나는 것이다. 아인슈타인은 이 힘이 만유인력에 의한 힘과 물리적으로 완전히 동일한 성질의 힘이라고 생각했다.

이는 다음의 예에서 한층 더 잘 이해할 수 있다. 인간 위성을 쏘아 올릴 때 위성 내 조종사는 위성의 상승 가속도 운동 때문에 바닥으로 강하게 눌린다. 이때 조종사는 지구의 중력이 강해진 것과 완전히 똑같이 느낀다. 이처럼 가속도

인간 로켓 조종사는 로켓이 발사될 때 바닥으로 강하게 눌린다. 이 가속도 운동에 의한 힘과 만유인력은 동일한 것이다.

운동에 기인하는 힘과 만유인력은 같은 것이라는 생각에서 아인슈타인은 한발 더 나아가 상당相當 원리[1]라는 것을 생각해냈다. 상당 원리란 다음과 같다.

"만유인력장에서 일어나는 모든 물리 현상은 가속도 운동을 하고 있는 상자 속 공간에서 일어나는 모든 물리 현상과 동일하다."

이 상당 원리를 통해 만유인력장에서는 공간이 휘어지고, 시간 경과가 지연되는 현상이 일어난다고 생각할 수 있다. 이를테면 지구 주위의 공간은 지구의 인력으로 휘어져 있다. 상당 원리에 의거해 이 만유인력장의 물리 현상을 설명한 것이 일반 상대성 이론이다. 우주 정거장 내 공간의 휘어짐은 특수 상대성 이론을 통해 대체로 짐작이 가는데, 그렇다면 지구 주위의 공간은 어떤 식으로 휘어 있을까? 이는 일반 상대성 이론의 수학적 표현(리만 기하학에 의한 표현) 외에는 달리 표현할 방법이 없다.

뉴턴이 설명할 수 없었던 천체 현상의 수수께끼

아인슈타인이 주장한 우주 공간의 휘어짐은 이 일반 상

---

1   현대에는 '등가 원리'라고 부른다.

대성 이론을 통해 생각해낸 것이다. 그는 별의 만유인력이 그 주위 공간을 국소적으로 휘어지게 하므로, 수많은 별들이 존재하는 우주 공간은 전체적으로 크게 휘어 있을 것이라고 생각했다. 또 아인슈타인은 만유인력이 공간을 휘게 한다는 생각을 바탕으로, 거꾸로 만유인력에 의한 행성의 운동 등을 공간의 휘어짐으로 설명했다. 이 방법으로 뉴턴의 만유인력으로는 설명할 수 없었던 천체 현상의 수수께끼를 해명한 것이다.

뉴턴의 만유인력은 "질량이 있는 모든 물체 사이에 두 물체의 질량의 곱에 비례하고, 그 거리의 제곱에 반비례하는 인력이 작용한다"라는 것이다. 그는 질량을 가진 모든 물체 사이에 작용하는 힘이라는 의미에서, 그 인력을 만유인력이라 이름 지었다. 뉴턴의 만유인력은 그 당시 알려져 있던 행성의 운동에 관한 모든 천체 현상을 완전히 해명하는 데 성공했다. 그래서 만유인력은 지구상뿐 아니라 우주 만물에 대해 성립하는 불변의 법칙이라고 믿었다.

이를테면 당시 완전히 미지의 존재였던 해왕성의 존재를 만유인력으로 예측한 것이다. 그리고 1846년, 예측한 위치에서 해왕성이 발견된 이야기는 유명하다. 이는 만유인력 이론의 위대한 성과였다고 할 수 있다.

그러나 뉴턴의 만유인력으로 여전히 설명할 수 없는 수수께끼 같은 천체 현상이 하나 있었다. 바로 수성의 근일점 이동이라 불리는 현상이었다. 이는 수성(태양과 가장 가까운 행성)이 태양 주위를 한 번 공전하는 동안 태양에 가장 가까이 접근하는 위치가 공전할 때마다 조금씩 이동하는 현상이다.

뉴턴의 이론은 두 물체 사이에 만유인력이 무한의 속력으로 전달된다고 본다. 이를 힘의 직달설直達說이라고 한다.[2] 뉴턴 역시 이 생각에는 의문을 품고 있었다. 그러나 그는 자신은 단지 신이 만든 규칙을 발견했을 뿐 그 이상은 신의 영역이며 자신이 생각할 일이 아니라고 믿었다.

반면 아인슈타인의 만유인력은 두 물체 사이에 작용하는 데 시간이 걸린다. 만유인력은 공간의 휘어짐이기 때문이며, 공간의 휘어짐은 전달되는 데 시간이 걸리기 때문이다. 그리고 그 힘이 미치는 속도가 광속도에 버금가는 것으로 알려져 있다. 이것이 만유인력이 전달되는 속도다. 이를 힘의 매달설媒達說이라고 한다.

---

2   직달설은 무한원(無限遠)까지 바로 힘이 전달된다는 의미에서 '원격 작용설'이라고도 한다. 매달설은 '근접 작용설'이라고도 한다.

직달설에 따르면, 행성이 태양 주위를 돌고 있든 멈춰 있든, 그런 행성의 운동과 상관없이 태양과 행성에 작용하는 만유인력의 세기는 두 물체 사이의 거리만으로 결정된다.

그런데 매달설에 따르면, 공간의 휘어짐은 전달에 시간이 걸리므로, 만유인력의 세기는 두 물체 사이의 거리뿐 아니라 두 물체 사이의 상대 속도(한쪽에 대한 상대의 속도)에 영향을 받는다.[3] 따라서 뉴턴의 만유인력으로 계산한 수성의 공전 궤도와 아인슈타인의 만유인력으로 계산한 수성의 공전 궤도는 조금 다르다. 뉴턴의 이론에서는 수성의 근일점이 이동하지 않지만 아인슈타인의 이론에서는 이동한다. 수성뿐 아니라 모든 행성의 근일점은 이동한다. 그런데 어째서 수성의 경우에만 문제가 된 것일까? 근일점 이동은 태양에서 제일 가까운, 달리 말하면 태양의 만유인력이 가장 강한 장소에 있는 수성에서 가장 뚜렷하게 나타나기 때문이다.

수성의 근일점 이동은 뉴턴의 만유인력보다 아인슈타인의 이론이 옳다는 증거다. 아인슈타인의 이론이 옳다는 것은 만유인력장에서 빛의 진로가 휘어지는 현상에서도 실증되

---

3   뉴턴의 만유인력은 세기가 거리의 제곱에 반비례하지만, 일반 상대성 이론에서는 이 법칙에서 조금 어긋난다. 이 어긋남이 근일점의 원인이 된다는 설명이 더 일반적이다.

고 있다. 태양 가까이를 통과하는 별빛이 태양의 만유인력으로 조금 휘어지는 것이 관측되고 있는데, 이는 태양 부근의 공간이 국소적으로 강하게 휘어 있기 때문으로 해석된다.

여기서 한 가지 주의할 점이 있다. 앞서 설명한, 우주 공간이 관측 결과 휘지 않았다는 것과 이 만유인력으로 인해 공간이 휘어 있다는 것은 모순이 아닌가 하는 문제에 대해서다. 이는 모순되지 않는다. 태양 및 별의 주위 공간이 국소적으로 휘어 있어도 우주 전체 공간은 아인슈타인의 생각처럼 반드시 휘어 있을 필요는 없다.

이를테면 한 장의 평면 함석판을 생각해보자. 이 함석판을 쇠망치로 두들겨 군데군데 부분적으로 구부릴 수 있다. 그런데 판 전체는 구부리지 않은 채 둘 수도 있고, 원통형으로 구부릴 수도 있다. 별 주위 공간의 국소적 휘어짐이 모여 우주 공간이 전체적으로 플러스로 휘어 있다는 아인슈타인의 우주론에는 일반 상대성 이론 외에 어떤 가정이 포함되어 있는 것이다. 따라서 실측 결과 우주 공간이 전체적으로, 보이는 범위 내에서 플러스로 휘어 있지 않아도 그 사실은 일반 상대성 이론과 모순되지 않는다.

1층에 사는 사람이 4층에 사는 사람보다 오래 산다

이번에는 만유인력에 의한 시간 지연에 대해 살펴보자. 만유인력이 강할수록 시간 지연이 현저해진다. 이는 앞서 소개한 뫼스바우어의 시간 측정법으로 측정할 수 있다. 여기서는 지구 인력장에서의 측정에 대해 설명하겠다.

이를테면 건물 4층보다 1층에서 지구 인력의 세기가 아주 조금 크다. 따라서 아인슈타인의 이론에 따르면, 4층이 1층보다 지구 인력이 작은 만큼 시간 경과가 아주 조금 빠르다. 그래서 뫼스바우어의 방법으로 4층과 1층의 시간 경과의 차이를 측정해보면, 실제로 시간 경과의 차이가 발생함을 알 수 있다. 따라서 4층에 사는 사람보다 1층에 사는 사람이 오래 산다. 그러나 더 오래 살 수 있는 시간은 어떤 시계로도 측정할 수 없을 만큼 작은 수치다. 즉 4층에서 1초 경과했을 때 1층에서는 1초보다 1,000만분의 1초, 거기서 다시 1,000만분의 1초 정도 덜 경과할 뿐이다.

만일 우리의 수명이 1,000만분의 1초의 1,000만분의 1 정도라면, 그 시간 차이는 살아가는 데 상당히 중요한 요소다. 그런데 평균 수명이 70년인 우리에게는 아무런 영향도 없는 이야기다.

그러나 이 사실은 기존 물리학적 상식을 근본부터 뒤집

아파트에 산다면 1층에 사는 게 제일: 지구 인력의 영향으로 위로 갈수록 시간이 빠르게 흐른다.

었다는 점에서 큰 의의가 있다. 즉 아인슈타인은 상대성 이론을 통해 우리의 사상을 개혁한 것이다. 이는 군주제가 민주제로 바뀐 정도의 개혁이 아니다. 아인슈타인은 우리가 공리라고 믿었던 것조차 바꿀 수 있음을 실제로 보여준 것이다. 바꿔 말하면, 단순한 신념의 개혁이 아니라 우리의 사고 작용에서 가장 토대가 되는 것을 개혁한 셈이다. 인류 역사에서 이토록 큰 정신적 개혁은 또 없었을 것이다.

이로써 아인슈타인 이후의 물리학자들은 사고가 지극히 유연해졌다. 이와 관련해 일본에서 상대성 이론 연구로 가장 유명했던 고 이시와라 준 박사가 생각난다. 박사는 유연한 사고의 소유자이자 로맨티스트였다. 이는 박사의 유명한 연애 사건으로도 미루어 짐작할 수 있다. 학창 시절 나는 박사가 노년이었음에도 청년처럼 사교댄스를 즐기는 광경을 자주 목격했다. 내가 물리학에 흥미를 가지기 시작한 동기는 어린 시절에 읽은, 그 이시와라 박사가 쓴 상대성 이론의 통속적 해설서였다. 내용은 제대로 이해하지 못했다. 그러나 그 이론의 신비함 같은 것이 내 마음을 강하게 자극한 일은 기억하고 있다.

한편 도쿄 문리과 대학교[4]의 고 도이 우즈미土井不曇 교수처럼 연구 생활의 대부분을 상대성 이론을 부정하는 데 바친 사람도 있다. 나도 이화학 연구소의 강연회에서 도이 박사의 강연을 자주 들었다. 외국 물리학자 중에도 상대성 이론을

4　지금은 폐쇄되어 존재하지 않는다.

부정하는 사람이 있다. 그러나 아인슈타인의 위대한 사상은 상대성 이론과 함께 현대 물리학의 기초가 되는 사상으로 자리 잡았다.

우주의 신비

우라시마 타로보다 고독한 사람들

준광속도 로켓으로 날아가면 로켓 내부의 50년 동안, 지상에서 봤을 때 2,500광년의 거리를 날아갈 수 있다고 했다. 그런데 이 이야기는 등속도 운동인 경우에 해당한다. 물리학에서 말하는 등속도 운동은 운동의 속력과 방향이 일정하다는 의미이므로, 이 로켓 이야기는 로켓이 일직선으로 날아가는 경우에 해당한다. 그렇다면 로켓이 방향을 바꿔 지구로 돌아온다면 어떻게 될까? 로켓 승무원은 지상 관측자보다 나이를 덜 먹었을까, 아니면 지상 관측자와 똑같이 나이를 먹었을까?

이와 비슷한 문제를 아인슈타인은 그의 〈시계 역설〉이라는 논문에서 논하고 있다. 그 논문을 통해 판단하면, 준광속도 로켓으로 우주여행을 하고 다시 지상으로 돌아오면 승무원의 수명은 지상에 있는 경우보다 늘어나는 일이 발생한다. 따라서 승무원은 현대판 우라시마 타로가 되는 셈이다. 옛날 옛적에 거북이를 타고 용궁에 간 우라시마 타로는 그곳에서 즐겁게 며칠을 보내고 돌아갔다. 그러나 집에 돌아와 그가 발견한 것은 수백 년이나 흘러 변해버린 세상이었다. 준광속도 로켓으로 우주여행을 하고 온 승무원은 이와 똑같은 일을 경험하는 것이다. 그렇다면 여기서 준광속도 로켓 승무원이 어떤 경험을 하는지 상상해보자.

미래의 어느 날, 몇 명의 조종사와 과학자를 태운 준광속도 우주 로켓이 지구에서 은하를 탐험하기 위해 우주여행을 떠났다.

그들은 그들이 측정하는 로켓 내 시간으로 6개월 만에 은하계 중심에 도달할 예정이었다. 그러기 위해서는 지구에서 은하계 중심까지 등속도로 날아갈 때 우주 로켓의 속도가 광속도의 0.99999999995배 정도는 되어야 한다. 그들은 도중에 다양한 나이의 별 사진을 찍을 수 있었다.

저색거성이리 불리는 별은 붉게 빛나며 부피가 태양의 100만 배로 부풀어 올라 있었다. 백색왜성이라는 불리는 별은 지구 정도의 크기에 백자색으로 빛났으며, 인력은 지구 인력의 수천 배나 되었다. 또 붉은색의 나선형 꼬리를 이끌며 회전하는 이중성二重星, 푸른 고리를 가진 토성 같은 청색성 등도 보았다. 그들에게 가장 두려운 존재는 중성자만으로 이루어진 중성자별이었다. 불과 지름 20킬로미터 정도의 붉게 빛나는 별이었지만, 상당히 경계해야 할 대상이었다. 로켓이 접근하기라도 하면 로켓은 그 별의 강력한 인력에 빨려 들어가기 때문이다.[5]

로켓은 마침내 가장 두려운 존재를 발견했다. 그 중성자별의 표면 인력은 무려 지구 인력의 2,000억 배로 추정되었다. 그 인력권 안에 들어가기 전에 로켓은 서둘러 방향을 틀었다. 그렇게 관측을 하면서 은하계 중심까지 간 로켓은 거기서 서서히 방향을 바꿔 귀로에 올랐고, 수많은 발견이라는 선물을 안고 무사히 지구로 돌아올 수 있었다.

그러나 지구상에서 그들이 본 것은 폐허가 된 거리였다. 인간의 모습은 흔적도 없이 사라지고 없었다. 그들은 영하 100도 가까이 되는 극한과 전염성이 매우 강한 기생 바이러스의 공격과 싸워야만 했다. 지구에서는 그들이 출발한 뒤에 수만 년의 시간이 흐른 것 같았다. 며칠 뒤, 지구 최후의 인류

---

5 별의 색은 대개 온도로 결정된다. 여기서 소개하는 백색왜성이나 중성자별의 색은 어디까지나 가능성의 하나다.

무심코 우주여행에 나서다간 우라시마 타로가 된다.

였던 그들의 모습은 어디에서도 찾아볼 수 없었다. 단지 인류 최고의 발명품인 준광속도 로켓만 덩그러니 남아 있었다.

두께 1미터의 납 벽을 뚫는 수소 원자

준광속도 로켓 승무원의 경험은 이런 식으로 상상할 수 있다. 그런데 현재 우리가 가진 과학 기술로는 〈시계 역설〉에 쓰인 내용을, 준광속도 로켓을 이용한 실제 우주여행으로 실증할 수는 없다. 준광속도 로켓을 만들 만한 기술적 가능성이 없다고 단언할 수 있기 때문이다. 이론적으로는 준광속도 로켓을 만들 수 있다. 우주선宇宙線 속에는 준광속도로 날아다니는 소립자가 존재하기 때문이다. 물체는 궁극적으로는 소립자로 이루어져 있다. 소립자가 준광속도로 날 수 있다면 이론적으로는 준광속도로 나는 로켓을 만들 수 있다. 그러나 기술적으로는 상당히 곤란한 여러 문제들이 있다. 그 중 가장 치명적인 문제는 다음 두 가지다.

로켓의 속도를 광속도의 99퍼센트까지 가속하는 것은 원자력을 추진력으로 사용하면 기술적으로는 가능하다. 그 이유는 다음과 같다. 지상에서 물체를 떨어뜨리면 그 낙하 속도가 물체의 무게와 관계없이 매초 초속 980센티미터씩 빨라진다. 이 가속도의 크기는 일반적으로 g라는 기호로 표기한다. 로켓을 1년간 연속적으로 g 가속도로 가속하면 로켓의 속도는 1년 뒤 광속도의 99퍼센트가 된다. 이 정도까지는 질량에 큰 증가가 없어서 2~3배가 될 뿐이다. 그러나 이 책에서 말하는 준광속도는 이보다 빠른 속도를 말한다. 그런데 그 이상의 속도일 때 발생하는 로켓의 질량 증가를 이겨내고 로켓을 가속하는 데 필요한 추진력은 원자력으로는 불충분하다. 그러나 현재 우리는 원자력 이상으로 강력한 추진력을 발생시키는 방법을 알지 못한다. 이것이 첫 번째 난관이다.

두 번째 난관은 다음과 같다. 우주 공간에는 극히 소량이지만 성간 물질인 수소 원자가 존재한다. 그 수는 1세제곱센티미터당 한 개 정도다. 그런데 극히 미량인 이 우주 공간의 수소 원자가 조종사의 생명에는 치명적인 존재다. 우주 공간을 준광속도로 로켓이 날아가면 수소 원자가 준광속도로 로켓에 충돌하기 때문이다. 이렇게 준광속도로 날아오는 수소 원자는 요컨대 일종의 방사선이다.

로켓의 속도가 광속도의 99퍼센트일 때는 두께 1미터의 납 벽으로 이 방사선을 대부분 막을 수 있다. 그러나 광속도의 99퍼센트 이상이 되면 두께 1미터의 납으로 만든 방벽을 쉽게 관통할 정도로 강력해진다. 이 방사선으로부터 조종사

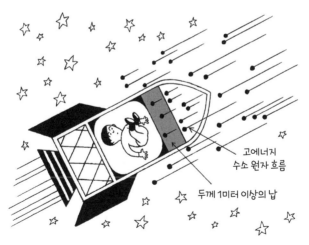

고에너지
수소 원자 흐름

두께 1미터 이상의 납

로켓이 빛의 속도의 99퍼센트 이상이 되면 우주 공간을 떠도는 수소 원자가 두께 1미터의 납 벽으로도 막을 수 없는 방사선이 된다.

의 생명을 지킬 방법을 찾지 못하는 한, 두 번째 난관도 치명적이다.

이상은 준광속도 로켓의 기술적 가능성에 대한 이야기다. 하지만 그런 로켓을 실제로 만들지 못하더라도 앞서 설명했듯이, 실험실 안에서 뫼스바우어의 방법으로 가속도 운동을 하는 물체 내 시간 지연을 조사할 수 있다. 그 방법으로 최근 미국에서 실시한 실험은 아직 몇 가지 의문점이 남아 있기는 하지만, 대체로 〈시계 역설〉이 옳다는 것을 증명하고 있다. 그러므로 현대판 우라시마 타로 이야기는 기술적인 문제를 고려하지 않는다면 충분히 과학적 근거가 있다고 할 수 있다.

우주에는 고등 생물이 존재한다

우주여행 이야기가 나온 김에 우주인은 존재하는가 하는 문제에 대해 생각해보자. 우주인 하면 떠오르는 것이 비행접시 이야기다.

비행접시는 고도의 과학 기술을 가진, 다른 천체에서 온 우주인의 우주선이라는 공상을 하곤 한다. 이런 공상에는 많은 헛소문이 따라붙어 이야기에 재미를 더한다. 그래서 미군의 미확인 비행 물체(줄여서 UFO라고 한다) 연구 계획은 이 비행접시 문제를 과학적으로 검토했다. 그리고 7,000건에 달하는 비행접시 목격 보고서를 과학적으로 상세히 조사했으나, 비행접시가 실재한다는 증거를 얻을 수 없었다고 한다. 그러나 태양계를 벗어나 은하계를 횡단할 정도의 우주여행도 원리적으로는 가능하다. 그래서 비행접시에 관한 다음과 같은 공상도 전적으로 부정할 수는 없다.

우리보다 훨씬 고도의 과학 기술을 가진 우주인이 실제로 존재한다면, 그들은 이미 준광속도 로켓을 완성했을 수도 있다. 과거에 그 로켓을 운전해 지구 주변까지 날아왔는지도 모른다. 즉 비행접시는 우주인이 만든 준광속도 로켓일지도 모른다는 것이다. 그러나 이는 어디까지나 공상이다. 여기서는 그런 공상을 발전시키기보다는 우주인의 존재 여부에 대한 과학자들의 의견을 들어보기로 하자.

우주의 별은 대략 두 종류로 나눌 수 있다. 하나는 이중성, 다른 하나는 단독으로 존재하는 별이다. 이중성이란 쌍둥이 태양과 같은 것으로, 인접한 두 태양이 서로 상대 주위를 돌고 있다. 모든 별의 약 40퍼센트는 이 이중성에 속한다.[6] 그리고 나머지 약 60퍼센트가 단독으로 존재하는 별이

---

6   최근에는 서로의 주위를 도는 별 한 쌍을 '쌍성'이라고 한다. 쌍성의 비율은 아직 확정되지 않았으나 대략 수십 퍼센트 정도로 보고 있다. 또 '이중성'은 천구상에 극히 가까이 존재하는 2개의 별로, 꼭 쌍성이란 법은 없다.

다. 이 단독으로 존재하는 별 중에서 60퍼센트 정도가 우리 태양처럼 행성을 거느리고 있다. 그리고 그런 별의 수는 은하계 내에만 약 500억 개 정도 있다. 또 관측할 수 있는 우주 내에서는 이런 종류의 별이 약 100억의 100억 배 개나 된다.[7]

이렇게나 많은 별들이 태양처럼 행성을 거느리고 있는 것이다. 더구나 각각의 별들은 몇 개의 행성을 거느리고 있다. 따라서 은하계 내 행성의 수는 500억 개의 몇 배나 된다. 이 많은 행성 중에는 지구와 매우 흡사한 행성이 있을 가능성이 있다.[8] 만일 그중에 지구와 매우 흡사한 행성이 존재한다면 그곳에도 고등 생물이 생겨날까? 이에 대해 과학자들은 가능성이 있다고 믿는다. 그 근거는 다음과 같다.

생명의 기원은 방사선일까?

지구 초기의 공기는 암모니아, 메탄, 수소, 수증기였던 것으로 추정된다. 그래서 그런 공기를 인공적으로 만들어 방사성 원소에서 방출되는 방사선을 장기간 조사한다. 태양에서

---

7   2019년 시점에서 수천 개의 외계 행성이 발견되었는데, 행성의 총 개수나 행성을 가진 별의 비율 등은 아직 정확히 알려지지 않았다.
8   지구와 같은 유형의 행성도 이미 발견되었다.

는 빛뿐만 아니라 방사성 원소에서 방출되는 방사선과 거의 동일한 작용을 하는 전자, 양성자, 감마선 등의 방사선이 지구에 쏟아지고 있기 때문이다. 그다음 그 공기를 화학분석을 해보면 공기 중에 다양한 유기화합물이 생성되어 있다는 것을 알 수 있다. 특히 생물체를 구성하는 단백질의 재료인 아미노산도 생성되어 있다.

이처럼 방사선은 다양한 고분자 유기화합물을 만드는 작용을 한다. 따라서 오랜 세월이 흐르는 동안 우연히 생명을 가진 유기화합물이 생겨날 수도 있다. 어떤 유기화합물이 생명을 갖는지는 현재 알려지지 않았다. 알게 된다면 생물을 인공적으로 만들어낼 수 있다.[9]

여하튼 이 실험 사실을 바탕으로 과학자들은 이렇게 생각하고 있다.

'지구와 같은 공기가 있고, 약 50억 년간 100도보다 낮고 0도보다 높은 온도 범위에 있으며, 자신이 속한 태양으로부터 방사선을 쬐고 있는 행성이 존재한다면 고등 생물이 생겨났을 것이다.'

---

9   아미노산의 재료가 될 수 있는 물질이 우주 공간에서 발견되었으나, 그 형성 메커니즘은 아직 해명되지 않았다.

그렇다면 그렇게 발생할 가능성이 있는 생물 중에 인간만큼 지적 수준이 높은 생물이 있을까? 과학자들은 이에 대해 결정적인 답은 준비되지 않은 상태다. 그러나 행성의 수가 상당히 많기 때문에 그중 어딘가에 극히 희귀한 일이 일어날 가능성은 충분히 있다고 본다. 500억 개의 몇 배에 달하는 은하계 행성 중 적어도 하나에는 우리와 같은 고등 생물이 발생했을 가능성이 충분히 있는 것이다.

하지만 그럴 경우에는 현재 우주인이 생존해 있을지가 문제다. 우주적 시간 규모에서 본다면, 지구인의 존재 기간은 한순간이나 다름없다. 이는 우주인에게도 마찬가지다. 특히 고도의 문명을 가진 기간은 짧기 마련이다. 우리 인류의 생존 기간과 우주인의 생존 기간이 일치할 가능성은 극히 희박하다고 볼 수 있다.

우주인이 발신하는 전파를 탐지하는 미국의 오즈마 계획

현재 미국에 오즈마 계획이라는 흥미로운 계획이 하나 있다. 이는 우주인의 존재를 조사하려는 것으로, 너무 비현실인 계획이 아니냐는 비판도 있는 듯하다. 오즈마 계획의 방법은 태양계 밖의 별에서 오는 전파에 우주인이 만든 인공적 전파가 섞여 있는지 탐지하는 것이다.

별의 표면이나 우주 공간 곳곳에서는 전파가 발생하며, 그 전파가 지구에 도달한다. 이 천체 현상으로 발생하는 전파와 인공 전파는 전기적 성질이 다르다. 천체 전파는 거의 연속적으로 다른 파장의 전파 무리이지만, 인공 전파는 특정 파장의 전파라는 차이가 있다. 그래서 지구로 오는 천체 전파에 인공 전파가 조금 섞여 있어도 천문학자는 탐지할 수 있다.

옛날 천문학은 오로지 별에서 오는 빛을 망원경으로 포착해 우주의 구조를 연구했다. 그런데 최근 전자공학의 진보로, 천문학자는 우주에서 오는 희미한 전파를 거대한 포물면 모양의 안테나로 포착해 빛으로는 알 수 없었던 우주의 구조 연구가 가능해졌다. 이 전파를 포착하는 장치를 전파 망원경이라고 한다. 현재 최대 전파 망원경은 10광년 거리에서 오는 인공 전파를 수신할 수 있다.[10]

만일 지구에서 10광년 이내에 있는 행성에서 인공 전파가 발신된다면, 지상에 있는 우리의 전파 망원경으로 포착할 수 있다. 이때 우주인이 굳이 지구를 향해 인공 전파를 발신하지 않더라도 우주인이 사용하는 인공 전파는 우주 공간에

---

10 천체 전파라면 131억 광년 거리에서 오는 전파의 검출에 성공했다.

새어 나와 지구에도 도달한다.

그러나 현재 오즈마 계획의 관측에 따르면, 10광년 이내의 행성에서 우주인의 인공 전파가 지구에 온 적은 없는 듯하다. 앞으로 지금보나 큰 선파 망원경이 제작되어 100광년 이내의 행성에서 발신한 인공 전파를 포착할 수 있게 된다면, 행성에서 우주인이 보낸 인공 전파를 발견할지도 모른다.

우주인의 존재는 우주에 관한 공상 중에서 가장 판타스틱하다. 만약 우주인의 존재를 과학적으로 실증할 수 있다면 우리의 인생관, 세계관까지도 변할 수 있는 대발견일 것이다.[11]

---

11 1960년에 실증된 오즈마 계획에 이어, 지구 밖 생명을 찾는 프로젝트가 몇 가지
    실행되었다. 이 프로젝트들을 통틀어 'SETI'라고 하는데, 지구 밖 생명이 보내는
    신호를 수신하는 일은 아직 성공하지 못했다.

물질 세계의 끝을 찾아서

전자 현미경으로도 보이지 않는 것을 알아내는 방법

물질의 궁극에는 무엇이 있을까?

인류는 그 역사의 시작부터 현재에 이르기까지 모든 자연 현상을 통일적으로 설명할 수 있는 궁극적인 무언가를, 바꿔 말하면 근원 물질을 탐구해왔다. 이미 기원전 6세기에 탈레스가 "물은 만물의 근원"이라고 말한 바 있다. 그리고 약 2,500년의 기나긴 탐구의 역사를 거쳐 마침내 인류는 소립자에까지 도달한 것이다. 이 책에서는 이미 전자, 양성자, 중성자, 광자, 중성미자, 파이 중간자, 뮤 중간자 같은 소립자를 소개했다. 그런데 이런 소립자가 과연 인류가 찾고 있던 근원 물질일까? 소립자는 정말 미시 세계의 끝일까? 소립자에서 한 걸음 더 깊숙한 곳에 아직 무언가가 존재하는 것은 아닐까? 이를 밝혀내기 위해 소립자의 구조와 성질에 대한 물리학자들의 연구가 진행되고 있다. 이 문제에 대해 현재까지 어떤 것들이 밝혀졌는지 살펴보도록 하자.

먼저 물질 구성원으로서 중요한 존재인 양성자와 중성자에 대해 살펴보겠다. 이 두 소립자는 원자핵을 구성하고 있다. 앞서 설명했듯이, 원자 번호와 같은 수의 양성자와 이와 거의 동일한 수의 중성자가 결합해 원자핵을 이루고 있다. 그래서 양성자와 중성자는 핵의 구성원이라는 의미에서 핵자라고 부른다.

그런데 원자핵의 크기는 약 1조분의 1밀리미터로 알려져 있다. 그 존재는 현재 가장 분해능이 높은 전자 현미경으로도 볼 수 없다.[1] 그렇다면 전자 현미경으로도 볼 수 없는 작은 원자핵의 구조와 성질을 어떤 방법으로 알아낼 수 있을까?

방법은 크게 두 가지로 나뉜다. 탄성 충돌이라는 현상을 이용하는 방법과 비탄성 충돌이라는 현상을 이용하는 방법이다.

이를테면 보통 사물을 본다는 것은 광자가 그 물체 표면에 충돌했다가 되돌아오는 현상을 눈으로 보는 것이다. 이처

---

[1] 최신 기술을 탑재해 원자핵도 볼 수 있는 신형 전자 현미경이라는 시설이 이화학연구소의 니시나 가속기 센터에 완성되었다.

럼 충돌할 때 물체 내부에 변화가 일어나지 않는 경우를 탄성 충돌이라고 한다. 전자 현미경으로 보는 것도 이 현상을 보는 것이다. 그런데 다음에 설명하는 내용처럼, 전자 현미경으로도 볼 수 없는 미시 세계를 보는 경우에도 이 현상을 이용할 수 있다.

한편 비탄성 충돌은 물체가 충돌 때문에 내부 변화를 일으키는 현상이다. 이를테면 화학 반응은 분자와 분자의 비탄성 충돌이다. 또 별의 중심부에서 일어나는 수소 융합 반응은 양성자와 양성자의 비탄성 충돌이다. 미시 세계를 알아내는 또 한 가지 방법은 바로 이 현상을 이용한다. 우선 탄성 충돌을 이용한 방법에 대해 살펴보자.

전자 현미경 등의 실험 기술이 발달하지 않았던 1919년에 이미 영국의 물리학자 어니스트 러더퍼드는 이 탄성 충돌을 이용하는 방법으로 원자핵의 존재와 크기를 실험적으로 확인했다. 그 뒤 물리학자들은 러더퍼드가 실시한 방법을 더 발전시켜 마침내 핵자의 내부 구조까지 알 수 있게 되었다. 먼저 이 방법의 원리를 설명해두겠다.

미스 인터내셔널을 전자계산기로 결정한다?

1962년 미국 롱비치의 미스 인터내셔널 대회에서 1위를 한 오스트레일리아의 타니아 버스탁은 키 168센티미터, 가슴둘레 91센티미터, 허리둘레 58센티미터, 엉덩이둘레 91센티미터라고 신문에 발표되었다. 건물, 기계 등의 크기, 무게 등을 숫자로 표기하는 것이야 이상하지 않지만, 가장 시각에 호소하는 미인의 외모를, 일부이긴 하나 그 몸매를 숫자로 표기하다니. 만약 미인 대회를 기계가 심사하면 어떻게 될까?

그 대회는 대략 다음과 같은 풍경일 것이다. 먼저 지원자가 한 명씩 기계 앞에 선다. 기계는 얼굴 및 몸 사이즈를 몇 초 이내에 입체적으로 상세히 측정해 기록한다. 이 측정 데이터는 자동으로 즉시 전자계산기로 계산된다. 전자계산기는 인간이 계산하면 100년이 걸릴 대량의 복잡한 계산을 몇 초 이내에 완료한다. 그리고 그 측정 결과는 자동으로 인쇄되어 바로 발표된다. 물론 측정 데이터를 통해 각 응모자의 득점수를 산출하기 위해서는 어떤 방정식이 필요하다.

아무리 기계화가 되었다 해도, 그 방정식만큼은 대회 심사위원회의 의견에 따라 수학자가 작성해야 한다. 그 방정식은 어떤 외모에 100점을 주고, 어떤 외모에 60점을 줄지 등 심사위원회의 미의 기준을 수학적으로 표현한 것이다. 그리고 대회에서는 전자계산기 조작원이 그 방정식에 따라 주어진 측정 데이터로부터 점수를 산출할 것을 전자계산기에 명령한다.

러더퍼드 이후의 물리학자들이 원자 이하의 미시 세계의 구조를 알아내는 방법은 고분해능 전자 현미경으로 보는 방법이 아니라 이런 수학적 방법이다. 예컨대 원자에 대해 조사한다면 다음과 같이 실시한다.

우선 관찰하려는 원자를 포함한 물체에 파장이 매우 짧은 빛을 조사한다. 그러면 그 빛은 물질 속에 들어가 여러 힘, 가령 전기력 등의 작용을 받아 반사되어 나온다. 따라서 그 반사광선은 물체의 내부 구조를 알려주는 물리적 요소를 포함하고 있을 것이다. 그 요소를 기계가 검출해 숫자로 표현한다. 물리학자는 그 숫자(데이터)를 크기, 내부 밀도 등 원자의 구조를 나타내는 수치로 바꾸기 위해 전자계산기로 계산하는 것이다.

이때 사전에 전자계산기에 계산 방식을 나타내는 연산 방정식을 부여할 필요가 있다. 그 방정식은 물리학의 이론을 통해 유도된 식이다. 이처럼 물체를 직접적으로 촬영해서 상을 보는 대신 다양한 측정치를 통한 계산으로 상을 이끌어내는 일이 가능한 것이다. 이 방법으로 물리학자들은 고체 내 원자의 배열 상태, 분자 내 원자 배열도, 원자핵의 크기, 한발 더 나아가 원자핵의 구성 요소인 양성자, 중성자의 내부 구조까지 알 수 있다. 그리고 이 방법은 미시 세계를 알 수 있는 최상의 방법으로서 향후 더 발전하리라 본다.

TV 속에도 전자 가속기가 있다

그런데 이 방법을 실시하는 경우에 매우 중요한 점이 하나 있다. 현미경의 분해능 부분에서 언급한 이야기지만, 이 방법에도 해당된다. 즉 물체를 비추는 빛의 파장이 관찰하고자 하는 물체의 크기보다 반드시 작아야(짧아야) 한다.

원자 정도 크기의 물체를 조사할 때는 엑스광선이면 충분하다. 그러나 원자핵 정도의 물체를 보는 경우에는 파장이 매우 짧은 파동이 필요한데, 주로 전자파가 이용되고 있다. 이미 설명했듯이 드브로이의 물질파 이론에 따르면, 파장이 짧은 파동일수록 입자의 에너지가 크다. 따라서 파장이 짧은 전자파를 만들려면 전자의 에너지를 높여야 한다. 에너지를 높이기 위해서는 전자를 가속하면 된다. 모든 입자의 운동에너지는 그 입자의 속도의 제곱에 비례해 커지기 때문이다.

그렇다면 전자는 어떻게 가속할 수 있을까? 그 가속 원리는 전자가 전하를 띤다는 점을 이용하는 것이다. 우리 주변에 전자 가속기가 있으니, 그것을 예로 설명하겠다. 바로 TV 브라운관 뒷면의 가느다란 부분에 붙어 있는 전자총이라는 장치다. 이는 사실 간단한 전자 가속기다. 전자총은 두 부분으로 이루어져 있는데, 하나는 필라멘트(전류가 흐르는 가는 선)이고, 다른 하나는 금속 원통이다. 이 2개는 1센티미터 정도 떨어져서 배치되어 있다. 그리고 필라멘트는 직류 전원의 음극에, 원통은 양극에 연결되어 양쪽 사이에 1만 5,000볼트 정도의 전압이 걸린다. 전류가 통하면서 빨갛게 달궈진 필라멘트에서는 다수의 전자가 튀어나오는데, 이를 열전자라고 한다. 열전자는 필라멘트 속 전자가스가 열에너지를 얻어 금속 밖으로 나온 것이다.

TIP 전자는 한 종류다. 광전자라든가 열전자라는 것은 단지 그 발생 원인을 나타내기 위해 붙인 이름이다.

이 열전자 자체의 속도는 느리다. 그러나 열전자는 음전하를 띠고 있으므로 양극으로 쉽게 끌려간다. 그리고 양극을 향해 가속도 운동을 한다. 열전자가 양극에 도달했을 때는 광속도의 약 20퍼센트의 속도에 달한다. 이 가속된 열전자는 극히 일부는 양극에 흡착되지만 대부분은 양극의 원통

속을 그냥 지나쳐 반대 측으로 튀어나간다. 전기장 속에서 전자가 지나는 길은 전기력이 작용하는 방향, 즉 전력선을 따르기 때문이다. 여기서는 그 전력선의 대부분이 원통 속을 지나가고 있다. 전자총이라는 이름은 전자가 튀어나가는 모습이 총신에서 탄환이 발사되는 것과 흡사해서 붙은 이름이다.

길이 2마일의 기계로 미시 소립자를 조사하다

전자를 더 고속으로 가속하는 방법도 원리적으로는 전자총의 방식과 동일하다. 전자총으로 가속하는 방법을 같은 전자에 몇 번씩 반복하는 것뿐이다. 반복하는 횟수가 많으면 많을수록 전자는 고에너지로 가속된다. 이처럼 전자를 몇 번이고 가속하는 장치는 이른바 다단多段 전자총이라 할 만한 것으로, 일반적으로 선형 가속기(리니액liniac)라고 부른다.

이 방법으로 전자의 속도를 광속도의 90퍼센트 정도까지 가속하려면 그만큼 거대한 장치가 필요하다. 그러나 그정도 속도로는 파장이 너무 길어서 원자핵을 볼 수 없다. 원자핵을 보기 위해서는 전자의 속도를 광속도에 매우 근접하게 만들어야 한다. 문제는 이때 전자의 질량이 증가한다는 것이다. 질량이 증가한 전자를 가속하기 위해서는 상당히 큰 에너지가 필요하며, 그래서 아주 거대한 전자 가속 장치가 필요하다. 그러나 선형 가속기가 직선형으로 길어지면 공간을 많이 차지하고 제작 비용도 상승하므로 전자를 원형 궤도를 따라 가속하는 장치가 제작되었다. 이는 자기상이 전자 궤도를 휘게 하는 작용을 이용한 것이다. 이 장치를 전자 싱크로트론이라고 한다.

현재 이 원형 가속 장치가 가장 많이 이용되고 있다. 최근 일본에서도 도쿄대학교의 원자핵 연구소[2]에 이 방식의 전자 가속 장치가 완성되었다. 이로 인해 10억 전자볼트의 고에너지 전자류를 얻을 수 있게 되었다. 현재 세계에서 가장 강력한 전자 가속기 장치는 미국 매사추세츠공과대학교와 하버드대학교의 공동 계획으로 제작된 것이다. 이 장치는 지름이 80미터나 되며, 60억 전자볼트의 고에너지 전자류를 만들 수 있다. 이 60억 전자볼트의 전자 속도는 광속도의 0.999999996배에 달한다. 또 전자의 질량은 정지하고 있을 때의 1만 2,000배나 된다.

이 장치로 전자를 가속할 때는 먼저 전자를 전자총으로

---

2   현재는 고에너지가속기연구기구(KEK) 원자핵과학연구센터로 개편되었다.

만들어 선형 가속기에서 예비적으로 2,500만 전자볼트까지 가속한다. 이때 전자의 속도는 이미 광속도의 0.9998배에 이른 상태다. 다음으로 이 전자는 유도 파이프에 의해 원둘레 228미터나 되는 고리 형태의 진공 파이프 안에 투입된다. 투입된 전자는 파이프 안에서 파이프 벽에 부딪히는 일 없이 원운동을 한다. 이 원운동을 원활히 하기 위해 파이프의 전체 원둘레를 따라 다수의 전자석이 배열되어 있다. 그리고 원운동을 하는 전자를 가속하기 위해 파이프를 따라 총 16개의 고주파 가속 장치가 있다. 이 가속 장치는 전자를 가속하기 위해 전자에 고전압을 거는 구조로 되어 있다. 그리고 전자가 파이프 안을 한 바퀴 돌면 16곳에서 가속되어 60만 볼트의 에너지를 얻는다. 이런 식으로 전자가 파이프 안을 1만 바퀴 돌았을 때 60억 볼트의 에너지를 가지게 되는 것이다.[3]

그런데 이 전자 싱크로트론에는 한 가지 결점이 있다. 이 장치 안에서 전자는 원운동을 한다. 원운동이란 원 중심을 향해서 하는 가속도 운동이다. 이미 여러 번 설명했듯이, 가

---

3 KEK의 TRISTAN이 300억 전자볼트를 달성했다. 그 뒤 CERN의 LEP-Ⅱ가 1,000억 볼트 이상의 가속에 성공했다.

속도 운동을 하는 입자는 싱크로트론 방사선을 방출한다. 그러므로 전자의 가속 능률이 떨어진다. 싱크로트론 방사선의 이름은 이 싱크로트론에서 유래한 것이다.

이 결점을 피하기 위해 미국 스탠퍼드대학교에서는 전자 싱크로트론 대신 길이가 무려 2마일(약 3,800미터)에 달하는 선형 전자 가속기를 만들었다. 이 장치는 200억 전자볼트의 고에너지 전자류를 발생시킬 수 있도록 설계되었다. 이 장치에서 전자는 고진공 상태인 길이 2마일의 파이프 속을 달린다. 파이프 내부는 파이프를 따라 고주파 전자기파가 흐르고 있으며, 전자는 이 전자기파를 타고 흘러가 파이프 출구에 도달했을 때 200억 전자볼트의 에너지를 가지게 된다. 파이프 속 전자는 파도를 타고 나아가는 보트처럼 전자기파의 파도에 몸을 싣고 가속되는 것이다. 따라서 이 방법은 전자총의 가속 방법과는 조금 다르다고 할 수 있다.

200억 전자볼트의 전자 가속은 광속도의 0.999999996배에 달한다. 그리고 이 전자파의 파장은 무려 약 10조분의 1밀리미터라는 짧은 길이가 된다. 이 크기는 양성자 및 중성자 크기의 약 10분의 1에 해당한다. 따라서 이 전자파를 이용해 양성자 등의 내부 구조를 알 수 있는 것이다. 양성자, 중성자는 원자핵을 구성하는 기초적인 소립자다. 그 소립자

의 내부 구조를 실제로 측정할 수 있게 됐다는 것은 기적과
도 같은 일이다.

천문학자는 우주의 끝에서 오는 희미한 빛을 포착하고자
거대한 망원경 제작에 열중하고 있다. 이는 상식적으로도 쉽
게 수긍이 가는 일이다. 그러나 원자 물리학자가 한없이 작
은 물체를 보고자 한없이 거대한 장치를 만드는 일에 몰두하
다니, 무척 재미있지 않은가?[4]

4　최고 성능의 원형 가속기인 CERN의 LEP-Ⅱ를 대폭 뛰어넘는 선형 가속기를 목
　표로 ILC(International Linear Collider) 계획이 진행되고 있다.

미시 세계에 존재하는 거대한 힘

유카와 박사의 예언은 적중했다

그렇다면 고에너지 전자를 사용해 양성자와 중성자의 내부를 보고 어떤 사실을 알아냈을까? 스탠퍼드대학교의 물리학자 로버트 호프스태터Robert Hofstadter는 1956년부터 1961년까지 이 방법으로 일련의 실험을 실시해 양성자와 중성자 내부의 전기적 구조를 밝혀냈다. 그는 이 공로로 1961년에 노벨 물리학상을 받았다. 그가 밝혀낸 양성자와 중성자의 내부 구조는 다음과 같다.

양성자와 중성자는 각각 하나의 심과 그 심을 둘러싼 구름으로 이루어져 있다. 구름은 구 형태로 반지름이 약 1조분의 14밀리미터(14×10^{-13}밀리미터)다. 그중 심의 반지름은 구름 반지름의 약 3분의 1 이하다. 그리고 그 심은 양성자, 중성자 모두 밀도 높은 양전하 덩어리다. 그런데 이 심을 둘러싸고 있는 구름은 양성자와 중성자가 각각 다르다. 양성자의 구름은 양전하가 얇게 분포된 구름인 반면 중성자의 구름은 안쪽에 음전하, 바깥쪽에 양전하가 분포하는 구름이다. 그리고 중성자는 심의 양전하와 구름 속에 있는 음전하와 양전하의 전기적 총량이 0인 상태다. 따라서 중성자는 그 이름처럼 외관상으로는 전기적 중성이다.

그렇다면 양성자와 중성자의 심은 무엇을 나타내며, 그 심을 둘러싼 구름은 무엇을 나타낼까?

심은 그 본체를 확실히 알 수 없지만, 유카와 이론에 따르면 바깥 둘레의 구름은 파이 중간자에 의해 생성되는 것으로 해석된다. 중간자라는 이름은 그 질량이 전자와 양성자 질량의 중간이라는 의미다. 유카와 이론에 따르면, 구름 속에서 이루어지는 파이 중간자의 운동은 심에서 파이 중간자가 튀어나오거나 뛰어들고 있는 것이다. 그리고 튀어나오거나 뛰어드는 데 필요한 시간은 매우 짧아서 10조분의 1, 거기서 또 100억분의 1(10^{-23})초라는 상상조차 할 수 없이 짧은 시간이다. 그 구름 속에는 심에서 튀어나온 파이 중간자가 항상 2개 정도 존재한다.

그러나 이에 대한 상세한 내용은 밝혀지지 않았다. 여기서는 대략적인 이야기만 하겠다. 그리고 구름 속에서 파이 중

간자가 그리는 궤도는 핵외 전자와 마찬가지로 알 수 없다.[5]

핵자 속에 이런 파이 중간자가 존재한다는 사실은 이미 유카와 히데키 박사가 이론적으로 추정한 바 있다. 이 이론으로 유카와 박사는 1949년 노벨 물리학상을 수상했다. 그렇다면 유카와 박사는 왜 파이 중간자의 존재를 이론적으로 추정했을까? 물리학자들은 그동안 여러 실험 결과를 통해 핵자 사이에 작용하는 어떤 미지의 힘이 존재한다고 보았다. 그것은 핵력이라는 힘이다. 이 핵력이 어떻게 발생하는지 설명하기 위해 유카와 박사는 파이 중간자라는 존재를 생각해낸 것이다.[6]

원자폭탄의 에너지원

핵력이란 어떤 것일까? 핵력의 두드러진 특징은 첫째, 매우 강력한 힘이라는 점이다. 이 핵력의 크기를 다른 힘과 비교해보자. 이를테면 수증기가 물이 될 수 있는 이유는 물 분

---

[5] 양성자와 중성자는 쿼크로 구성되어 있는데, 소립자인 쿼크끼리는 '글루온'이라는 소립자에 의해 서로 묶여 있다. 쿼크와 글루온은 이 책을 집필한 뒤에 발견되었기 때문에, 이 책에 실린 양성자와 중성자에 대한 해설은 그 이전 지식에 의거하고 있다.

[6] 파이 중간자는 원자핵 속에서 양성자와 중성자를 결합하는 작용을 하며, 이 힘을 핵력이라 한다. 이 핵력에도 쿼크를 결합시키는 글루온이 관여하는 것으로 추정된다.

자 사이에 분자력이 작용해, 물 분자끼리 서로 흩어지지 않게 끌어당기기 때문이다. 핵력은 그 분자력의 100억의 1억 배나 강한 힘이다. 또 양성자와 양성자가 접촉할 만큼 접근하면 그 사이에 강한 전기적 척력(서로 반발하는 힘)이 작용하는데, 핵력은 그보다 35배나 강하다. 또 이 경우에 두 양성자 사이에는 전기력 외에 만유인력이 작용하는데, 핵력은 그 만유인력의 무려 10^{40}배(100억을 네 번 곱한 수)나 강하다. 그래서 핵자끼리의 결합은 강한 외력을 가하지 않으면 깨지지 않는다.

핵력의 두 번째 특징은 핵자끼리 접촉할 만큼 접근하지 않으면 작용하지 않는 근거리 힘이라는 점이다. 그래서 하나의 원자핵 속에서 핵자는 각각 이웃한 핵자하고만 결합한다. 하나 걸러 이웃한 핵자와는 직접적으로 결합할 수 없다. 거기까지는 핵력이 도달하지 않기 때문이다. 원자핵의 구조는 다수의 핵자가 이처럼 강력한 핵력으로 서로 강하게 결합한 핵자 무리인 것이다. 그리고 핵 내부에서 핵자는 서로 강하게 잡아당긴 상태에서 고속으로 날아다니고 있다. 그 핵자 개개의 운동에너지의 평균값은 약 2,500만 전자볼트나 되며, 속도는 광속도의 약 25퍼센트에 달한다.

그런데 지금 핵 내부의 핵자 하나에 주목해보면, 핵자는 고속으로 날아다니면서 나머지 다른 핵자의 핵력에서 탈출하려고 한다. 이는 모든 핵자가 마찬가지다. 그래서 핵 속 핵자의 운동 상태는 매우 복잡하다.

원자핵 분열을 일으키는 법

여러분도 잘 알다시피 원자폭탄은 지금까지 설명한 이 핵력의 성질을 이용해 핵분열을 일으키는 것이다. 그렇다면 핵분열은 어떻게 일으킬까? 원자핵의 형태는 핵자 사이에 작용하는 강한 핵력으로 인해 물방울 같은 구형이다. 이것이 조롱박처럼 잘록해져 2개로 분열되는 것이 핵분열이다. 먼저 분열 이전의 원자핵에 대해 살펴보자. 구형의 원자핵 속 양성자의 분포 밀도는 바깥쪽이 안쪽보다 조금 큰 상태다. 그 이유는 양성자끼리 그 전기적 척력으로 가능한 한 서로 멀어지려 하기 때문이다.

그 핵 내부의 양성자 하나에 대해 생각해보자. 그 양성자는 핵 속의 모든 양성자로부터 전기적 척력을 받고 있다. 따라서 그 척력은 대개 핵 속의 양성자 수에 비례해 커진다. 그런데 양성자에 작용하는 핵력은 근거리 힘이므로, 그 양성자와 인접한 핵자 사이에서만 작용한다. 그래서 양성자 사이에 작용하는 결합력은 인접한 핵자 사이에 작용하는 핵력에서 모든 양성자 사이에 작용하는 전기적 척력을 뺀 것이다. 그래서 무거운, 즉 양성자 수가 많은 원자핵일수록 양성자 간의 결합력이 약해져 핵 전체가 불안정해진다.

중성자의 수도 핵의 안정성과 관련이 있다. 양성자의 수와 중성자의 수가 동일할 때 핵은 가장 안정된다.[7] 핵자의 합계수가 짝수일 때는 홀수인 경우보다 안정적이다. 또 그 합계수가 클수록 불안정하다. 이런 요소들이 겹쳐 핵의 안정도가 결정된다. 그리고 특히 안정도가 낮은 원자핵이 일단 조롱박 모양으로 잘록해지면 핵력의 균형을 잃고 둘로 분열되는 것이다. 이런 이유로 인해 자연에 존재할 수 있는 원자는 양성자 수 92인 우라늄까지이며, 그 이상 무거운 원자는 자연에 존재하지 않는다.

원자의 화학적 성질은 핵 속의 원자 수로 결정되며, 중성자 수와는 무관하다. 그렇다면 양성자 수는 같고, 중성자 수가 다른 원자핵으로 구성된 몇 가지 원자가 존재할 수 있다. 이런 원자는 각각 화학적 성질이 같고 질량만 다르다. 이런 원자로 이루어진 한 무리의 원소를 동위 원소라고 한다.[8] 동

---

7   무거운 원소 등 중성자가 양성자보다 많을 때 가장 안정되는 경우도 있다.
8   '동위체'라고도 한다.

위 원소는 그 원자의 질량으로 구별한다. 이를테면 우라늄 235, 우라늄 238 하는 식이다. 이 숫자는 수소 원자의 질량을 단위로서 근사적으로 나타낸 그 원자의 질량이다. 천연 우라늄의 대부분은 우라늄 238이다. 그러나 이 원자핵은 핵분열을 일으키기에는 불안정한 정도가 충분하지 않다. 그런데 우라늄 235의 원자핵은 그보다 한층 더 불안정해서 핵분열을 일으킬 때는 그 원자핵을 사용한다.

그렇다면 원자핵을 조롱박 모양으로 잘록하게 만들려면 어떻게 해야 할까? 그러기 위해서는 핵을 들뜬상태로 만들어 핵 전체를 진동시키면 된다. 이미 설명한 바와 같이, 핵 속 핵자의 운동 상태에 따라 두 가지 상태가 존재한다. 핵 속 모든 핵자의 운동에너지의 총합계가 가장 낮은 상태와 그보다 높은 상태다. 전자를 바닥상태, 후자를 들뜬상태라고 한다. 핵은 평소에는 바닥상태에 있다. 그 핵을 외부에서 양성자, 중성자 등으로 때리면(조사하면), 그것들이 핵 속으로 들어가 핵은 들뜬상태가 된다. 들뜬상태가 되면 핵 속 핵자의 운동에너지가 커진다. 그러나 이 상태는 오래가지 않는다. 보통 원자핵은 바로 감마선이나 알파 입자 또는 핵자 따위를 방출해 바닥상태로 되돌아간다.

우라늄 235를 들뜨게 하려면 그 원자핵을 중성자로 때린다. 그러면 감마선 등을 방출해 바닥상태로 돌아가는 일 없이 바로 핵이 2개로 분열한다. 그리고 분열된 핵 파편이 큰 에너지를 가지고 흩날린다. 이 에너지가 원자력의 근원이 되는 것이다.

원자력은 왜 강력할까?

그럼 핵 파편이 어떻게 큰 에너지를 가지는 것일까? 앞서 언급했듯, 핵력은 어마어마하게 강한 힘이다. 그러나 우라늄 235의 핵 속에서는 그 강력한 힘에 필적할 만큼 강한 전기적 척력이 양성자 사이에 작용하고 있다. 우라늄 235의 핵은 바닥상태에서는 구 모양이지만, 들뜬상태에서는 핵 전체가 진동해 조롱박 모양이 된다. 그러면 조롱박 양끝 덩어리 사이에는 핵력이 거의 작용하지 않고 전기적 척력만 작용한다. 그리고 그 척력 때문에 조롱박 중앙의 잘록한 부분이 찢겨서 2개의 파편으로 흩어진다. 핵 파편에 큰 에너지를 공급하는 것은 이처럼 강한 전기적 척력이다. 그러나 그 강한 전기적 척력을 이겨내고 핵을 유지하고 있던 것이 핵력이다. 따라서 핵 파편의 에너지가 큰 근본 원인은 강한 핵력에 있다.

그렇다면 우라늄 덩어리 속 다수의 원자핵을 전부 분열시키기 위해서는 외부에서 우라늄 덩어리에 계속 중성자를 조사해야 하는 걸까? 그럴 필요는 없다. 핵 하나가 분열하면 평균 2개의 중성자가 핵 파편에서 방출된다. 그리고 그 중성자가 다시 주변에 있는 우라늄 핵을 분열시킨다. 이런 식으로 연이어 핵분열이 일어나는데, 이런 분열 현상을 연쇄 반응이라 한다. 이 연쇄 반응을 급속히 일으키면 폭발적으로 에너지가 발생해 원자폭탄이 된다. 반대로 원자로를 이용하면 이 연쇄 반응을 서서히 일으킬 수 있다. 그리고 이때 발생하는 에너지를 발전 등에 이용할 수 있다. 이것이 원자력을 평화롭게 사용하는 방법이다.

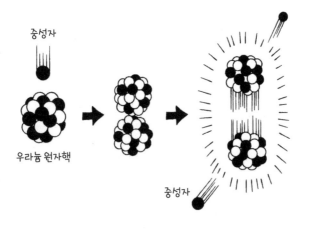

원자폭탄의 에너지원, 핵분열을 일으키는 방법: 불안전한 우라늄 원자핵에 중성자를 한 개 던지면, 원자핵은 조롱박 모양이 되면서 분열해 중성자 2개를 방출한다. 이 중성자가 다른 원자핵에 뛰어들어 핵분열 연쇄 반응을 일으킨다.

우라늄보다 무거운 원자핵을 가진 원자를 인공적으로 만드는 일도 가능하다. 이를테면 플루토늄이 그렇다. 그중에는 우라늄 235처럼 핵분열을 일으키는 것도 있다. 또 핵분열을 일으키지 않고 알파 입자(선), 베타선, 감마선을 방출하고 우라늄으로 변하는 것도 있다. 이런 변화를 원자핵 붕괴라고 한다.

파이 중간자는 완전 범죄의 피해자

그렇다면 이런 핵력은 어떻게 발생하는 것일까? 또 핵력은 파이 중간자의 존재와 어떤 관련이 있을까? 이번에는 이런 것들을 살펴보기로 하자. 핵력이 발생하는 이유는 원자와 원자 사이에 작용하는 원자 간 힘이 발생하는 이유와 흡사하다. 그래서 핵력 발생을 설명하기에 앞서 원자 간 힘이 어떻게 발생하는지 알아보자.

먼저 가장 간단한 구조인 수소 원자를 예로 들어보자. 수소 원자가 단독으로 존재하는 일은 드물다. 보통 2개의 수소 원자가 결합해 하나의 수소 분자를 이루어 존재한다. 왜 수소 분자가 생기는가 하면, 두 수소 원자 간에 원자 간 힘이 작용하기 때문이다. 두 수소 원자에서 하나의 수소 분자가 생성되는 모습은 다음과 같다. 두 수소 원자는 핵외 전자 구름이 서로 접촉할 만큼 접근하면 각각의 수소 원자가 핵외 전자를 교환하는 현상이 발생한다. 이 교환 현상이 일어나면 두 원자 간에 인력이 작용해 결합하는 것이다.[9] 그래서 이런 종류의 힘을 교환력이라고 한다.

다른 대부분의 원자도 이 교환력으로 서로 결합해 분자를 만든다. 그런데 핵력의 경우도 이런 교환력으로 설명할 수 있다. 접근한 두 핵자는 파이 중간자를 서로 교환해 교환력으로 결합하는 것이다. 이것이 핵력의 본체다. 그렇다면 핵력의 특징, 즉 엄청나게 강력하며 근거리 힘인 이유는 무엇일까? 핵력이 강한 이유는 파이 중간자가 심에서 튀어나오거나 뛰어드는 속도가 빠르기 때문이다. 이 속도가 빠르면 파이 중간자 구름 속에 파이 중간자가 많이 존재할 수 있게 된다. 이론에 따르면, 파이 중간자의 수가 클수록 교환하는 파이 중간자의 수가 많아지므로 교환력이 강해진다. 따라서 핵력이 강해진다.

또 핵력이 근거리 힘인 이유는 핵자 속 파이 중간자가 상식에서 벗어난 방식으로 존재하기 때문이다. 앞에서 이야기한 유카와 이론에 따르면, 심 속에 파이 중간자가 존재하며,

9 '공유 결합'이라고도 한다.

그것이 심에서 튀어나오거나 뛰어들기도 한다고 설명했다. 그런데 사실 이 표현은 유카와 이론의 정확한 표현은 아니다. 정확히 말하면, 파이 중간자는 심 속에 항상 존재하는 것이 아니라, 심 근처에서 갑자기 생겨나 짧은 시간 안에 갑자기 소멸하는 현상을 되풀이하고 있다. 앞에서 말한 파이 중간자의 기묘한 존재 방식이란 이를 뜻한다. 핵외 전자는 소멸하거나 생성되는 일 없이 항상 존재한다. 그래서 핵자 속 파이 중간자의 존재는 핵 주위에 핵외 전자가 존재하는 방식과는 다르다.

파이 중간자의 기묘한 존재 방식은 감각적 세계에서는 그 예를 찾아볼 수 없는 방식이다. 만일 그런 일이 감각적 세계에서 일어난다면 얼마나 기묘한 것인지 예를 통해 알 수 있다. 이를테면 돌연 어떤 사람이 생겨났다가 금세 소멸해 아무런 흔적도 남기지 않았다고 하자. 그야말로 괴담이다. 그런데 핵자 내부에서는 그 괴담이 실제로 일어나고 있다. 나중에 설명하겠지만, 이는 실험을 통해 확인되었다. 이처럼 기묘한 현상이 일어날 수 있는 이유는 불확정성 이론으로 설명할 수 있다. 이런 현상을 가상 과정이라 한다. 가상 과정은 소립자의 세계에서는 늘 일어나는 현상이다. 핵자 속에서 발생하는 파이 중간자의 생성 및 소멸은 그 한 예일 뿐이다.

조물주에게 빚을 지고 있는 파이 중간자

핵력이 근거리 힘인 이유는 이 가상 과정으로 설명할 수 있다. 이번에는 이에 대해 살펴보자. 파이 중간자가 생성되기 위해서는 파이 중간자의 질량이 생성될 필요가 있다. 그런데 질량과 에너지가 그 본질이 같다는 것은 특수 상대성 이론의 한 결과로 도출되었다. 그 이론에 따르면, 질량과 에너지는 서로 변환할 수 있는 것으로, 1그램의 질량을 에너지로 바꾸면 무려 2,500만 킬로와트시가 된다. 이 에너지는 석탄 3,000톤을 완전히 연소시켰을 때 발생하는 열에너지와 같다.

따라서 파이 중간자가 생성되기 위해서는 그 질량을 생성하는 데 필요한 에너지(이를 질량 에너지라 한다)를 어디에선가 공급해야 한다. 그런데 에너지는 생성도 소멸도 하지 않는 것으로, 그저 하나의 물체(소립자도 포함)에서 다른 물체로 이동만 할 뿐이다. 이는 에너지 보존 법칙이라 하며, 물리학에서 가장 기초적인 법칙 중 하나다. 이 에너지 보존 법칙에 위배되는 현상은 지금까지 단 한 번도 발견된 적이 없다. 그렇다면 파이 중간자가 생성되기 위해 필요한 에너지는 어디에서 공급되는 것일까?

가상 과정의 특징은 외부에서 에너지를 공급받지 않고 소립자의 생성이 일어난다는 점이다. 그래서 얼핏 에너지 보존 법칙에 위배되는 현상이 일어나는 것처럼 보인다. 그러나 실제로 에너지 보존 법칙에 위배되는 현상은 소립자 현상 어디에서도 발견되지 않았다. 그렇다면 파이 중간자는 어떻게 생성될까? 비유적으로 말하면, 파이 중간자는 조물주에게 질량 에너지를 빌려서 태어난다. 그러나 이 빚은 기한부다. 불확정성 원리에 따르면, 빚의 양이 클수록 반환 기한이 짧아야 한다. 그런데 반환이라는 것은 파이 중간자 자신이 소멸하는 것이다. 이런 생성, 소멸이 몇 번씩 반복되면 외관상으로는 파이 중간자가 심에서 튀어나왔다 들어갔다 하는 것과 같은 일이 발생한다. 그래서 앞에서 그런 표현을 쓴 것이다. 따라서 일반적으로 가상 과정으로 생성된 파이 중간자는 질량이 클수록 짧은 시간 안에 소멸해야 한다.

이 지식을 기반으로 생각해보면, 핵자의 크기란 파이 중간자가 살아 있는 동안 돌아다니는 범위가 된다. 그런데 파이 중간자의 질량은 전자의 약 270배나 되고, 큰 에너지의 빚을 지고 있기 때문에 살아 있는 시간이 극히 짧다. 그러므로 광속도로 난다고 해도 생존 중에 날아다니는 거리는 약 1조분의 3밀리미터나. 이것이 핵력이 미치는 범위다. 이런 파이 중간자의 성질이 핵력이 근거리 힘인 이유다.

사람이나 소립자나 얼굴만 보고 판단할 수 없다

핵자 내부에서 파이 중간자가 기묘한 방식으로 존재한다는 사실은 탄성 충돌을 이용한 방법으로는 실험적으로 증명할 수 없다. 그 실험적 증명을 하기 위해서는 비탄성 충돌을 이용해야 한다.

일반적으로 탄성 충돌로 알아내는 방법은, 예컨대 사람의 성질을 그 사람의 모습, 외모로 판단하는 셈이다. 흔히 사람은 겉모습으로 판단해서는 안 된다고 하듯이, 탄성 충돌로는 사물의 본질을 깊이 알 수 없다. 반면 비탄성 충돌을 이용한 방법은 사물의 본질을 한층 더 깊이 알 수 있는 방법이라 할 수 있다.

이번에는 비탄성 충돌을 이용한 가상 과정의 증명 방법에 대해 살펴보자. 핵자 내부에 존재하는 중간자는 질량 에너지의 빚을 지고 생성됐기 때문에, 외부에서 에너지를 부여해 그 빚을 갚아주면 파이 중간자는 자유의 몸이 되어 핵자 밖으로 나온다. 핵자 내부의 파이 중간자에게 에너지를 부여하는 방법은 물질을 고에너지 양성자로 때리면 된다. 그러면 물질을 구성하고 있는 원자의 원자핵 속 핵자와 고에너지 양성자가 충돌해, 고에너지 양성자의 에너지가 핵자 속 파이 중간자에게 넘어간다. 그 결과, 파이 중간자는 핵자 밖으로 튀어나온다.

그런데 파이 중간자의 질량 에너지는 약 2억 전자볼트나 된다. 이는 2억 전자볼트의 빚을 지고 있다는 의미다. 따라서 이 실험에 쓰이는 고에너지 양성자의 에너지는 2억 전자볼트 이상이 되어야 한다. 만일 파이 중간자가 핵자 속에 항상 존재한다면, 파이 중간자를 핵자 밖으로 내보내기 위해서 그보다 큰 에너지는 필요하지 않다. 수십만 전자볼트의 에너지면 충분하다.

유카와 이론은 이렇게 실증되었다

이 실험은 1948년 캘리포니아대학교의 양성자 가속기로 만든 고에너지 양성자를 이용해 처음으로 성공했다. 파이 중간자를 핵자에서 꺼내기 위해서는 최소 2억 전자볼트의 에너지가 필요하다는 것을 알아냈고, 마침내 파이 중간자가 핵자 속에 가상 과정으로 존재한다는 사실을 밝혀낸 것이다. 이 실험에 쓰인 양성자 가속기는 고에너지 양성자를 발생시키는 장치다. 그런데 유카와 이론이 발표된 시기는 1935년이다. 당시에는 2억 전사볼트라는 고에너지 양성자를 발생시키는 장치가 없었다.

그렇다면 물리학자들은 1935년부터 1948년까지 비탄성 충돌을 이용해 파이 중간자를 조사한 적은 없었을까? 실은 그렇지 않다. 다행히 자연에는 거대한 에너지의 양성자 빔이 적어도 1억 년 전부터 지구에 쏟아지고 있다. 바로 우주선이다. 우주선은 신이 인간에게 내린, 소립자 세계의 문을 여는 열쇠였던 셈이다. 그래서 유카와 이론이 발표된 이후 주로 우주선을 이용한 연구가 진행되었다.

만일 유카와 이론이 옳다면, 우주선이 성층권에서 공기 분자의 원자핵과 충돌해 파이 중간자를 만들어내고 있을 것이다. 그리고 그 파이 중간자는 지상에 쏟아지고 있을 것이다. 따라서 지상에 쏟아지는 2차 우주선 속에서 파이 중간자를 발견한다면 유카와 이론을 실증할 수 있다.

나는 1938년 연말에 이화학연구소 니시나 연구실에 입소했는데, 마침 당시에는 이런 연구가 세계적으로 진행되고 있을 때였다. 지상의 우주선 입자 속에 중간자가 존재한다는 것은 당시 두세 명의 연구자가 추정하고 있었다. 유카와 이론에 의해 파이 중간자의 무게는 전자 무게의 약 200배 정도라는 것이 밝혀졌다. 그래서 입소 당시 나의 연구 주제는 그 중간자의 질량을 측정해, 그것이 파이 중간자인지 확인하는 것이었다(최근 연구에 따르면, 정확한 값은 전자 무게의 270배다). 지금도 참으로 안타깝게 생각하는 점은 우리 연구가 결실을 맺기 직전인 1941년에 태평양 전쟁이 일어나 연구가 완전히 중단된 일이다.

2차 세계대전이 끝난 뒤 먼저 미국 캘리포니아대학교의 브로드, 프레터 교수 등이 지상에서 관측되는 2차 우주선 입자는 거의 중간자이며, 그 질량이 전자의 약 200배라는 실험 결과를 발표했다. 그 후 많은 연구자들의 연구에 의해 지상에 있는 중간자와 성층권에 있는 중간자는 같은 종류가 아님이 밝혀졌다. 그리고 성층권에 있는 중간자는 유카와 이론에서 예측된 중간자라는 사실이 밝혀졌고, 파이 중간자라는 이름이 붙었다. 한편 지상에 있는 중간자는 파이 중간자의 붕괴로 생겨난 것으로, 뮤 중간자라는 이름이 붙었다. 파이, 뮤라는 이름은 그리스 문자의 이름으로, 특별한 의미는 없다.

이 두 종류의 중간자의 관계를 밝혀낸 업적은 영국의 세실 파월Cecil Frank Powell 교수(1903~1969)에게 힘입은 바가 매우 크다. 그는 1947년 두 중간자의 존재를 실험적으로 확인했고, 그 공로로 노벨 물리학상을 받았다. 그리고 그로부터 1년 뒤, 양성자 가속기로 파이 중간자를 만들기 위해 필요한 에너지의 크기 등이 명확하게 밝혀졌다.

세계적 수준에 도달했던 전쟁 전 일본의 양성자 가속기

이처럼 파이 중간자의 존재가 확인된 뒤 물리학자들은 이번에는 파이 중간자 자체의 물리적 성질 연구에 착수했다. 하늘에 있는 우주선 속 파이 중간자는 기구를 띄우거나 높은 산에 올라가 연구를 했다. 이처럼 우주선 속 파이 중간자를 조사하는 방법은 마치 야생 동물을 그들의 서식지에 가서 관찰하는 것과 흡사하다. 그러나 우주선 속 파이 중간자의 수는 매우 적어서 충분한 연구가 불가능하다. 그래서 동물을 우리 안에 넣고 관찰하는 것과 동일한 방법을 생각해

물리학자가 실험실 안에서 파이 중간자를 만들어 관찰하는 것은 동물학자가 야생 동물을 우리에 넣고 관찰하는 것과 같다.

냈다. 파이 중간자를 실험실 안에서 많이 만들어 관찰하기 쉬운 상태로 두고 연구하는 방법을 고안한 것이다.

1948년 이후 고에너지 양성자 가속기는 이런 목적으로 급속히 개발되었다. 양성자 가속기의 목적은 이처럼 처음에는 인공 파이 중간자를 얻는 것이었다. 그런데 그 뒤의 연구에서 파이 중간자보다 더 무거운 중성자나 소립자가 우주선 속에서 발견되었고, 그것들을 인공적으로 만들고자 더 에너지가 큰 양성자 빔을 발생시키는 양성자 가속기를 만들었다. 이렇게 소립자의 세계를 여는 열쇠는 우주선에서 인공 우주선, 바꿔 말하면 고에너지 양성자 가속기로 변화해온 것이다.

그러나 이런 발전은 미국, 소련, 유럽 같은 나라의 이야기다. 일본의 상황은 아쉽게도 상당히 달랐다. 전쟁 전, 일본의 양성자 가속기는 세계적인 수준이었다. 그러나 전후에는 선진국의 거대한 양성자 가속기의 개발 경쟁을 지켜만 보고 있었다. 그리고 현재도 마찬가지다. 장치 개발에는 거액의 비용이 들기 때문이다. 그래서 이론과 병행해서 진행해야 할 소립자의 실험적 연구가 일본에서는 우주선 연구뿐이다. 그중 주요한 것을 소개하겠다.

하나는 도쿄대학교가 노리쿠라다케 산 정상에 우주선

관측소를 설립해 파이 중간자 연구를 한 것이다. 이 관측소는 일본의 전체 우주 연구자들이 함께 이용했다. 그 밖에 릿쿄대학교와 고베대학교 등이 주축이 되어, 관측기구를 실은 기구를 하늘에 띄워 우주선 속 파이 중간자 등을 연구했다. 또 현재 도쿄대학교 원자핵 연구소에서 대규모 우주선 샤워 연구가 진행되고 있다.[10]

그러나 일반적으로 보면, 소립자의 물리적 성질을 연구한다는 점에서 이런 연구에서 얻을 수 있는 성과는 최근의 양성자 가속기를 이용해 얻는 것에는 도저히 당해낼 수가 없다. 그래서 전후에는 일본의 수많은 우수한 실험 물리학자들이 양성자 가속기가 있는 미국 등의 대학이나 연구소에 초빙되어 활약하고 있다. 이런 현상은 국가적 손실이 아닐까? 국가라는 것이 존재하는 이상 타국 시설만을 이용해 연구하는 일은 불가능하다. 과학에는 국경이 없지만 과학자를 포함한 그 외의 것에는 국경이라는 불편한 것이 존재하기 때문이다. 일본 소립자 물리학의 실험적 연구를 세계적 수준으로 끌어올리기 위해 일본에서도 마침내 거대한 양성자 가속

10 우주선 연구는 그 후에도 크게 발전해, 일본도 텔레스코프 어레이(Telescope Array) 실험이나 그 후계기 계획인 국제 프로젝트에 공헌하고 있다.

기 건설 계획이 진행되고 있다. 그러나 완성은 10년 뒤의 일이다. 양성자 가속기의 개발 경쟁을 촉진시킨 원인이 유카와 이론에서 예측된 파이 중간자의 존재이니, 참으로 아이러니한 일이다.[11]

하루 1억 엔이 드는 미국의 거대한 양성자 가속기

현재 세계 정상급의 거대한 양성자 가속기는 미국, 소련, 스위스에 있다. 스위스에 있는 가속기는 유럽 13개국 연합의 원자핵 연구소CERN가 1959년에 만든 것으로, 양자 싱크로트론이라 불린다. 이 장치는 250억 전자볼트의 양성자를 평균 매초 30억 개 방출할 수 있다.[12]

미국에서는 브룩헤이븐 국립 연구소에 최근 AG 양성자 싱크로트론이라는 거대한 양성자 가속기가 제작되었다. 이 장치는 최대 출력으로 300억 전자볼트의 양성자를 평균 매초 30억 개 방출할 수 있다. 이를 작동시키기 위해서는 하루 1억 엔의 비용이 든다고 한다. 이 AG 양성자 싱크로트론은

---

11 KEK에는 120억 전자볼트 정도까지 가속하는 KEK-PS가 건조되었다. 이를 계승한 J-PARC에서는 300억 전자볼트 정도까지 가속하는 일이 가능해졌다.
12 그 뒤 CERN이 개발한 세계 최대의 가속기 LHC는 양성자를 수조 전자볼트까지 가속했다.

미국 동부에 있는 대학에서 공동으로 이용하고 있다. 내가 한동안 예일대학교에서 연구를 하던 시절, 대학 연구자는 대학과 브룩헤이븐 국립 연구소 사이를 소형 비행기로 오갔다. 비행기로 가면 소요 시간은 10분 정도다. 자동차로 가면 뉴욕을 경유해 멀리 돌아가야 하므로 3시간 넘게 걸린다. 미국에서는 연구 활동에도 비행기를 이용해 능률을 올린다는 참으로 부러운 사례다.[13]

이 AG 양성자 싱크로트론은 이미 설명한 전자 싱크로트론과 원리나 형태가 동일하다. 그렇다면 이런 거대 양성자 가속기로 만든 고에너지 양성자 빔을 이용해 파이 중간자와 그 외 소립자의 물리적 성질을 알 수 있을까? 이에 대해서는 나중에 설명하겠다.

---

13 이제 미국의 연구도 순조롭지는 않아서, 세계 최대 규모의 가속기 계획 SSC가 중단되었다. 장치의 대형화로 인한 예산 증가가 한 요인으로 알려졌다.

소립자는 과연 궁극의 물질인가

눈에 보이지 않는 소립자에도 발자국은 있다

현재 개발된 가장 분해능이 높은 전자 현미경을 사용해도 분자 중에서도 거대한 고분자(1,000만분의 1센티미터)까지밖에 볼 수 없다. 당연히 소립자(1조분의 1밀리미터) 자체는 볼 수 없다. 그러나 물리학자는 그처럼 작은 소립자가 날아간 흔적을 육안으로 보는 방법을 알고 있다. 물리학에서는 이 흔적을 비적飛跡이라고 한다. 물리학자는 이 비적을 봄으로써 개개의 소립자가 일으키는 반응을 확실히 알 수 있다.

그런데 이 비적을 볼 수 있는 이유는 소립자가 가진 전하 덕분이다. 그래서 전하를 띠지 않는 소립자(중성자, 광자, 중성미자 등)는 비적을 볼 수 없다. 소립자보다 큰 원자나 분자도 전하를 띠지 않으므로 그 비적을 볼 수 없다.

그렇다면 어떻게 아주 작은 소립자의 비적을 볼 수 있는 걸까? 소립자의 비적을 보는 장치를 비적 검출기라고 한다. 이 장치는 소립자 세계를 감각의 세계에 투영하는 것이므로 기적의 장치라 할 수 있다. 이번에는 이 장치에 대해 설명하 겠다. 먼저 전하를 가진 소립자의 성질에 대해 살펴보자.

전하를 가진 소립자(하전 입자)가 기체, 액체 또는 고체 속을 통과할 때 일어나는 현상은 태풍이 육지를 통과할 때 일어나는 현상과 흡사하다. 태풍의 통로와 통로에 인접한 지 역에 있는 집, 나무 등은 태풍이 통과하면서 쓰러진다. 하전 입자는 그 자체는 작지만 그 주위에 광범위하게 전기장을 형 성해 운동한다. 전기장이란 전하 물질 주위에 생기는 전기력 이 작용하는 공간이다. 하전 입자와 함께 움직이는 그 전기 장은 하전 입자의 통로와 그 주변에 산재하는 원자와 분자 에 마치 태풍처럼 영향을 미친다. 즉 원자 및 분자의 핵외 전 자는 전기장의 태풍에 날아가는 것이다. 그리고 하전 입자 가 통과한 자리에는 쓰러진 집과 나무 대신 핵외 전자를 일 부 잃은 분자와 원자가 남는다. 이 핵외 전자를 일부 잃은 분 자나 원자를 이온이라고 한다(2장의 "물질의 최소 단위는 무엇 일까?" 참조). 그래서 이 현상을 하전 입자에 의한 이온화 현 상이라 부른다. 이렇게 생성된 이온은 양전하를 띠고 있다. 한편 전기장의 태풍에 날아간 핵외 전자는 근처에 산재하는 다른 원자나 분자에 달라붙는다. 부착된 원자나 분자도 이온이라고 한다. 이 이온은 음전하를 띤다. 따라서 이온에는 양이온과 음이온이 있다(수소, 헬륨 등 음이온이 되지 않는 것도 있다).

이 이온화 현상의 유무를 조사해 하전 입자의 존재를 조사하는 기계가 있다. 바로 계수관(하전 입자 검출기)이라는 것이다. 비적 검출기는 이 이온화 현상을 이용해 하전 입자의 존재뿐 아니라 그 비적을 눈에 보이도록 만들어 입자의 속도, 운동량 등을 조사하는 장치다.

이를테면 소립자의 속도는 다음과 같이 조사한다. 태풍

전하를 가진 소립자는 태풍처럼 지나간 자리에 할퀸 자국을 남긴다.

의 경우, 진행 속도가 느릴수록 통과할 때 큰 피해를 남긴다. 이와 마찬가지로 속도가 느린 하전 입자일수록 통과한 자리에 많은 이온을 남긴다. 그래서 통과 흔적에 남은 이온의 수를 알면 하전 입자의 속도를 알아낼 수 있다.

소립자의 발자국을 보는 장치

자, 하전 입자의 비적을 어떤 방법으로 볼 수 있을까? 사실 이 장치의 원리는 매우 간단하다. 누구나 본 적이 있는 현상과 동일한 원리에 근거하고 있기 때문이다. 그것은 바로 안개가 발생하거나 물이 끓는 현상이다. 안개가 발생하는 원리를 이용한 것은 '윌슨 안개상자'라고 하며, 물이 끓는 원리를 이용한 것은 '거품상자'라고 한다. 먼저 윌슨 안개상자부터 살펴보자.

윌슨 안개상자의 발명은 안개가 어떻게 발생하는가 하는 연구가 기반이 되었다. 공기 중에 안개가 발생하려면 먼지의 존재가 필요하다. 수증기는 먼지를 응결핵 삼아 비로소 그 위에 응축할 수 있다. 만일 먼지가 전혀 없으면 수증기는 작은 물방울이 되기 힘들다. 일반적으로 물방울은 표면장력의 작용으로 부피를 되도록 작게 하려고 하기 때문이다. 그 경향은 물방울이 작을수록 점점 강해진다. 그러나 먼지가 있으면 먼지를 중심으로 응결해 금세 큰 물방울이 생기므로 안개가 발생하기 쉽다. 이런 이유로 먼지가 존재하지 않는 공기 중 수증기는 포화 상태가 되어도 좀처럼 물방울이 되지 않는다. 즉 안개가 발생하지 않는다. 이 포화 상태의 수증기를 냉각하면 과포화 상태가 된다. 하지만 그래도 안개는 잘 발생하지 않는다.

TIP 어떤 온도에서 증기의 포화 상태란 그 온도에서 그 이상 증기가 짙어지지 않는 상태다. 무언가 중심이 되는 것이 있으면, 증기는 그것을 핵으로 삼아 바로 물방울이 된다. 하지만 중심이 되는 것이 없으면 증기는 그 이상으로 짙어진다. 이것이 과포화 상태다.

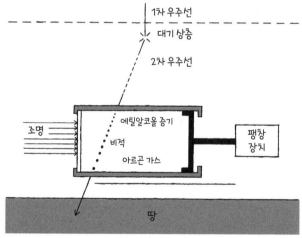

눈에 보이지 않는 우주선의 발자국을 보는 윌슨 안개상자의 원리: 가스를 팽창시키면 에틸알코올 증기는 과포화 상태가 된다. 여기에 우주선이 지나가면 그 자리에 아름다운 물방울 선이 보인다.

1897년 영국의 찰스 윌슨^{Charles Wilson}(1869~1959, 1927년 노벨 물리학상 수상)은 먼지가 없는 공기 중에 음 또는 양이온이 존재하면 과포화 상태의 수증기는 그들 이온을 중심으로 응축해 안개가 발생한다는 사실을 발견했다. 표면적을 작게 하려는 표면 장력과는 반대로 이온이 가진 전하가 전기적 반발력으로 작은 물방울을 가능한 한 크게 만들려고 하면서 그 힘이 표면 장력에 의한 힘을 상쇄하기 때문이다. 윌슨은 이 사실을 통해 수증기를 과포화 상태로 만들어 그 이온을 응결핵으로 작은 물방울을 만들면, 하전 입자의 비적을 눈으로 볼 수 있다는 것을 알아냈다. 그리고 연구를 거듭해 마침내 하전 입자의 비적을 눈으로 보거나 사진으로 촬영할 수 있는 윌슨 안개상자를 발명했다. 이 윌슨 안개상자가 원자핵, 소립자의 초기 연구에 기여한 공로는 이루 말할 수 없을 만큼 크다.

내가 과학자가 된 동기는 '윌슨 안개상자'

윌슨 안개상자에는 여러 형태가 있다. 크기도 10센티미터 정도부터 1미터가 넘는 것까지 다양하다. 그 구조에 대해 간략히 살펴보자. 안개상자는 기밀^{氣密} 상자로 되어 있다. 앞면은 유리판이며, 뒷면은 검은색 판이다. 옆면 한쪽은 피스

톤 역할을 하는 두랄루민 가동판, 다른 한쪽은 유리판으로, 상자 속 안개를 조명하기 위한 평행 광선 입사창이다. 상자 안에는 약 1기압의 아르곤 가스와 소량의 에틸알코올이 들어 있다. 공기는 불순 가스를 함유하므로 사용하지 않는다. 에틸알코올은 증발해 포화 상태의 에틸알코올 증기가 되어 아르곤 가스와 상자 속에서 공존하고 있다. 두랄루민 가동판은 압축 공기의 힘에 눌려, 사용하지 않을 때는 상자 속 가스를 압축하고 있다.

이 윌슨 안개상자를 작동할 때는 두랄루민 가동판을 누르고 있는 외력을 급속히 제거한다. 그리고 상자 속 가스를 팽창시킨다. 가스는 팽창하면 온도가 내려간다. 그러면 에틸알코올 증기는 과포화 상태가 된다. 팽창하는 순간 또는 직전이나 직후, 하전 입자가 상자 속으로 들어가면 그 통로를 따라 이온이 발생하고, 그 이온을 응결핵으로 작은 물방울(지름 100분의 1밀리미터 정도)이 형성된다. 그때 측면의 창을 통해 빛을 비추면 이 작은 물방울 배열은 빛을 반사해 반짝이며 아름다운 선으로 보인다. 이 반짝이는 작은 물방울들은 몇 초 만에 낙하해 사라진다.

이처럼 소립자의 비적을 우리 눈앞에 생생히 보여주는 윌슨 안개상자의 위력은 정말 경이롭다. 보통 우리는 소립자

이야기를 아무리 들어도 실체감은 느끼기 힘들다. 그러나 안개상자를 팽창시킨 순간 날카로운 비적이 형성되는 과정을 보면, 그 비적을 만드는 무언가가 실재함을 직감적으로 느낄 수 있다.

개인적인 경험을 말하자면, 내가 물리학자가 된 이유는 바로 이 윌슨 안개상자 때문이다. 나는 대학에서 화학을 전공했다. 그런데 1938년 11월에 고 니시나[다켜] 박사가 나에게 보여준 사진 한 장에 굉장한 흥미를 느꼈다. 그것은 윌슨 안개상자로 촬영한 뮤 중간자의 사진이었다. 이 일이 계기가 되어 대학 졸업 후 니시나 연구실에 들어가 윌슨 안개상자를 이용해 우주선 연구를 시작한 것이다.

앞에서 불확정성 이론에 따라 소립자는 궤도를 그리지 않는다고 설명했다. 그런데 윌슨 안개상자에서 보는 비적은 소립자가 그린 궤도다. 그렇다면 왜 윌슨 안개상자에서는 궤도를 그리는 걸까? 윌슨 안개상자에서 볼 수 있는 소립자는 운동량이 크기 때문이다. 운동량이 큰 소립자는 불확정성 이론의 영향을 적게 받기 때문에 궤도를 그리며 날아가는 것이다.

주전자 물이 갑자기 끓어오르는 현상은 우주선 때문이다

비적 검출기에는 또 하나, 물이 끓는 것과 동일한 원리를 이용한 장치가 있다. 이를 거품상자라고 한다. 윌슨 안개상자는 장치는 간단하지만 사용하려면 기술이 필요하다. 반면 거품상자는 안개상자보다 장치는 복잡하지만 사용법이 간단하다. 거품상자의 최대 장점은 가스보다 밀도가 높은 액체를 사용한다는 점이다. 그래서 오늘날에는 거품상자가 주로 사용되고 있다.

스토브 위에 주전자를 올려놓으면 가끔 돌발적으로 물이 격렬하게 끓어오를 때가 있다. 이를 돌비突沸라고 한다. 무엇이 주전자 속 고요한 물을 갑자기 끓어오르게 했을까? 미국의 글레이저 교수는 끓는점 이상으로 가열된 유기물 에테르가 가끔 돌비를 일으키는 현상에 주목했다. 그리고 그 돌비를 일으키는 횟수가 우주선 샤워(4장의 "우주의 방랑자들" 참조)가 에테르를 조사하는 횟수와 같다는 사실을 알았다. 그는 이 사실을 통해 과열 상태의 액체 속을 하전 입자가 통과하면, 그 통로를 따라 기포가 발생하는 것은 아닐까 하고 상상했다. 이런 돌비를 일으키는 원인은 우주선 샤워뿐만이 아니다. 그러므로 주전자의 돌비가 우주선 샤워로 일어났다고 확언할 수는 없다. 그러나 우주선 샤워의 집중적 조사가 주전자의 돌비를 일으키는 것은 충분히 있을 수 있는 일이다.

1952년 글레이저는 이런 생각에서 힌트를 얻어 액체 속 하전 입자의 비적을 볼 수 있는 거품상자를 발명했다. 컵에 따른 맥주 속에 생기는 작은 거품을 보고 글레이저가 거품상자의 힌트를 얻었다는 일화도 있다.

연구실에서 실제로 사용되는 거품상자는 크기와 형태는 다양하지만 구조는 윌슨 안개상자와 비슷하다. 상자 안에는 에테르, 프로필렌과 가장 진보한 것으로 액체 수소, 액체 크세논 등이 들어 있다. 상자 속 액체는 외부에서 가열되어 언제든 돌비를 일으킬 상태로 있다. 그러나 실험할 때 외에는 돌비가 일어나지 않도록 외압으로 압축해둔다.

이 거품상자를 작동시킬 때는 액체를 압축하고 있는 외압을 급속히 제거한다. 그렇게 하면 그 순간 액체는 수천분의 1초 정도 매우 끓어오르기 쉬운 불안정 상태가 된다. 이것은 흡사 맥주나 사이다 병뚜껑을 딴 순간과 같은 상태라할 수 있다. 이 수천분의 1초간의 불안정한 상태일 때 하전입자가 이 액체 속을 통과하면, 그 궤도를 따라 작은 기포가 염주처럼 형성된다. 창을 향해 카메라를 놓고 셔터를 열어두면 매우 날카로운 비적 사진을 찍을 수 있다. 실험이 끝나면 바로 액체를 압축해 기포가 커지기 전에 눌러서 원래 상태로 되돌려놓는다.

이것이 거품상자의 구조다. 최근 수년간 물리학의 경이적인 진보는 이 글레이저의 거품상자에 힘입은 바가 크다. 발명자 글레이저는 1960년에 이 공로로 노벨 물리학상을 받았다.

하전 입자가 과열 상태인 액체 속에서 그 통로를 따라 기포를 만드는 이유는 지금도 명확히 알려진 바가 없다. 가장 확실해 보이는 설명은 다음과 같다.

윌슨 안개상자의 경우와 마찬가지로 하전 입자의 통로를 따라 액체 속에 다수의 이온이 생긴다. 그러나 액체 속 이온은 오래 생존하지 못한다. 하전 입자가 행하는 이온화 현상에서 유리된 핵외 전자는 액체 속 이온 근처에서 떠돌고 있다. 그래서 그 전자는 유리된 지 약 1억분의 1초 사이에 이온과 재결합한다. 이 재결합 때 국소적으로 미량의 열이 발생한다. 그 부분만 더 온도가 올라가는 것이다. 이 열이 거품을 만드는 것으로 보인다. 액체는 끓는점에 도달하는 것만으로는 끓지 않는다. 작은 기포가 생겨도 기포 주변 액체의 표면 장력으로 기포가 뭉개지기 때문이다. 따라서 기포가 생기기 위해서는 그 표면 장력을 이겨낼 만한 힘이 필요하다. 앞서 설명한 이온의 재결합으로 발생하는 미량의 열이 그 힘을 공급하는 것으로 풀이되고 있다.

참고로 더 설명하자면, 이 밖에 비적 검출기로 방전상자와 신틸레이터가 있다. 이것들은 앞의 두 장치와 달리 전자공학을 응용한 것이다. 비적의 선명도는 안개상자나 거품상자가 더 좋지만, 방전상자와 신틸레이터가 우수한 점도 있다.

방전상자는 평행으로 같은 간격으로 쌓아올린 금속판으로 이루어져 있다. 이 쌓아올린 금속판을, 1기압의 가스를 채운 용기 속에 수평으로 넣는다. 가스는 네온 가스 또는 아르곤 가스 등을 사용한다. 이 금속판 위에서 고에너지 양성자 등을 관통시킨다. 그리고 고에너지 양성자 등이 관통한 순간에 각 금속판에 1만 볼트의 전압을 1,000만분의 1초 동안만 건다. 그러면 가스로 채워진 각 금속판 사이로 고에너지 양성자 등이 관통한 자리에 작은 불꽃 방전이 일어난다. 따라서 금속판을 관통한 고에너지 양성자의 진로를 따라 불꽃을 볼 수 있다. 그 불꽃이 비적을 나타내는 것이다.

이 방전상자는 미국 프린스턴대학교, 매사추세츠공과대학교 등에서 개발, 연구하고 있다. 그러나 이 방전상자의 아이디어는 현 나고야대학교 교수 후쿠이 슈지福井崇時와 오사카

시립대학교의 미야모토 시게노리^{宮本重德}의 방전함 연구에서 나온 것이다. 방전함은 다수의 금속판을 이용하지 않고, 금속판 한 장과 이 금속판과 평행으로 마주한 유리판 한 장 사이에 방전을 일으킨다.

또 하나의 비적 검출기인 신틸레이터는 투명하게 생긴 일종의 합성수지를 사용한다. 이 합성수지의 이름이 신틸레이터다. 이 신틸레이터 속을 고에너지 양성자 등이 통과하면 그 통로에 있던 신틸레이터 분자가 눈에 보이지 않는 희미한 빛을 낸다. 이 빛을 영상 증폭관으로 밝게 해서 볼 수 있다. 그러면 고에너지 양성자 등이 신틸레이터 내부를 지나간 통로가 빛나 보인다. 그 모습을 사진 촬영하는 것도 가능하다. 그러나 아직 실용적이고 능률 좋은 영상 증폭관이 외국에서도 만들어지지 않았다. 그래서 신틸레이터는 보통 계수관으로만 사용한다.[14]

높은 산 정상에서 또는 기구를 하늘 높이 띄워 우주선 속 파이 중간자 등의 연구를 한다고 앞에서 설명했다. 그 경우에 사용하는 장치는 기구에서는 주로 원자핵 거파이 사용

---

14 슈퍼 카미오칸데(일본 기후 현에 있는 세계 최대 중성미자 관측 장치—옮긴이)에 설치된 광전자 증배관을 비롯해 현재에는 상당한 고성능 광전자 증배관이 개발되었다.

된다. 보통 사진 건판은 하전 입자에 대한 감도가 좋지 않다. 그래서 특히 하전 입자에 대한 감도를 높인 건판을 원자핵 건판이라고 한다. 원자핵 건판도 안개상자나 거품상자와 마찬가지로 유력한 비적 검출기다. 원자핵 건판은 가벼워서 기구에 싣기에 적합하다. 높은 산 정상에서 관측하는 경우에는 주로 윌슨 안개상자를 이용한다. 안개상자는 원자핵 건판보다 용적이 커서 원자핵 건판을 이용하는 것보다 단시간에 많은 파이 중간자의 비적을 관찰할 수 있다.

우주선 연구에는 거품상자를 사용하지 않는다. 우주선이 거품상자로 들어가고 나서 거품상자를 팽창시키는 것은 너무 늦기 때문이다. 이때는 비적을 따라 생긴 이온이 이미 사라져버려 비적을 볼 수 없다.

명탐정과 물리학자는 발자국을 통해 범인을 검거한다

그렇다면 비적 검출기를 이용해 무엇을 알 수 있을까? 거품상자를 예로 설명해보겠다. 거품상자가 대활약하는 곳은 고에너지 양성자 가속기가 있는 실험실이다. 그곳에서는 거품상자의 팽창과 거품상자 속으로 양성자가 뛰어드는 시간을 일치시킬 수 있기 때문이다. 특히 강력한 전자석 안에 설치된, 한 변이 1미터 가까이 되는 대형 거품상자가 대활약하고 있다. 전자석 안에 거품상자를 두는 이유는 양성자가 거품상자 속에서 원호를 그리게 하기 위해서다. 이 거품상자 안에는 영하 253도의 액체 수소가 채워져 있다.

가속 장치에서 방출되는 고에너지 양성자 빔은 우주선처럼 공간을 가로질러 실험실 내에 설치된 거품상자의 작은 창을 통해 내부로 돌입한다. 고에너지 양성자 빔을 진공 파이프를 통해 유도하는 경우도 있다. 거품상자 속에서 고에너지 양성자 빔은 이온화 현상을 일으키면서 원호를 그리며 나아간다. 그러나 이온화 현상만 일으키는 것은 아니다. 액체 수소 속 원자핵과도 충돌한다. 이 충돌은 가스보다 액체 속에서 더 잘 일어난다. 이것이 안개상자보다 거품상자가 주로 이용되는 이유다. 이 충돌이 일어나면 파이 중간자가 발생한다. 그 파이 중간자는 이온화 현상을 일으키면서 액체 수소 속을 역시 원호를 그리며 나아간다. 그리고 뮤와 중성미자로 붕괴한다. 앞의 양성자는 원자핵과 충돌할 때 원호 방향과 곡률을 조금 달리해 계속 운동을 한다. 이때 거품상자를 작동하면 이런 운동이 기포에 의해 비적이 되어 나타나는 것이다.

이와 비슷한 현상은 고에너지 양성자뿐 아니라 다른 소립자를 돌입시킨 경우에도 일어난다. 일반적으로 이런 현상을 소립자 반응이라 한다. 물리학자는 이 소립자 반응을 관찰함으로써 그 반응을 일으킨 소립자의 물리적 성질을 알아낼 수 있다.

그런데 실제로 이 비적 사진은 수십만 장이나 찍을 수 있다. 그리고 그 사진을 프랑케슈타인이라는 거대한 자동 분석 장치로 분석한다.

그렇다면 비적을 만드는 입자의 종류는 어떻게 알 수 있을까? 그 입자가 그리는 원호의 곡률과 이온의 수를 통해 알 수 있다. 원호의 곡률은 운동량에 반비례한다. 운동량은 질량과 속도의 곱이다. 속도는 이온의 수를 통해 알 수 있으므로 운동량을 알면 질량을 알 수 있다. 그래서 소립자의 종류를 알 수 있다.

이 밖에 거품상자 밖에서 고에너지 양성자로 물질을 때려 거기서 발생하는 2차 입자, 예컨대 파이 중간자를 꺼내 거품상자에 넣는 경우도 있다. 그럴 때는 그 2차 입자와 수소 원자핵이 일으키는 반응을 알 수 있다.

소립자 반응에 대해서는 이미 지금까지 몇 가지를 살펴보았다. 그 반응들을 여기서 정리해보자. 이들 반응은 모두 역방향으로도 일어난다.

(1) 전자 → 전자 + 광자

　　전자 및 하전 입자가 가속도 운동을 할 때 광자를 방출하는 현상

(2) 핵자 + 핵자 → 핵자 + 핵자 + 파이 중간자

　　핵자와 핵자가 충돌해 파이 중간자가 발생하는 현상

(3) 파이 중간자 → 뮤 중간자 + 중성미자

　　파이 중간자가 붕괴해 뮤 중간자와 중성미자가 되는 현상

(4) 뮤 중간자 → 전자 + 중성미자 + 중성미자

　　뮤 중간자가 전자와 중성미자 2개로 붕괴하는 현상

(5) 중성자 → 양성자 + 전자 + 중성미자

　　중성자가 양성자와 전자, 중성미자로 붕괴하는 현상

자연의 궁극 입자는 중성미자 입자인가

　소립자의 종류나 소립자 반응 모두 지금까지 이 책에서 다룬 것 외에도 다수 발견되었다. 물리학자들은 그것들을 연구한 결과, 일단 소립자에 대해 정리된 결론을 얻었다. 그 결론에 따르면, 모든 소립자는 소립자 반응에 의해 서로 바뀔

수 있는 성질을 가지고 있다는 것과 모든 소립자 반응은 세 가지 기본 반응으로 귀결될 수 있다는 것, 두 가지를 알 수 있었다.

여기서 말하는 세 가지 기본 반응이란 앞서 설명한 (1), (2), (5)의 반응이다.[15]

이 기본 반응의 재미있는 점은 각 반응을 일으키는 데 필요한 시간이 상당히 다르다는 점이다. 그 시간을 보면 (1)은 100억분의 또 1,000억분의 $1(10^{-21})$초, (2)는 1,000억분의 또 1조분의 $1(10^{-23})$초, (5)는 10억분의 $1(10^{-9})$초다.

반응이 일어나는 데 필요한 시간이 짧다는 것은 반응 속도가 빠르다는 의미다. 그리고 반응 속도가 빠른 반응일수록 일어나기 쉽다. 이 기본 반응들의 반응 속도와 여러 소립자의 물리적 성질과의 관련성을 밝혀내는 일은 현대 물리학의 최첨단 문제 중 하나다.

그렇다면 현재 얼마나 많은 소립자가 발견되었을까? 물리학자들은 전체 소립자를 네 종류로 분류하고 있다.[16] 정리

---

15 현대 이론에서는 힘을 전자기력, 약력, 강력, 중력이라는 네 가지로 분류한다. 여기서 소개하는 소립자 반응 요약 중 (1)은 전자기력, (2)는 강력, (3)부터 (5)까지는 약력에 기인하는 반응이다.
16 목록 중 중간자족과 중입자족은 쿼크라는 소립자로 구성되어 있기 때문에 현재는 소립자라고 하지 않는다.

해보면 다음과 같다.

1. 광자족: 광자(γ)

2. 경입자족: 중성미자(ν), 전자(e), 뮤 중간자(μ)

3. 중간자족: 파이 중간자(π), 케이 중간자(k)

4. 중입자족: 양성자(p), 중성자(n), 람다 입자(Λ), 시그마 입자 (Σ), 크시 입자(Ξ)

최근에는 이 소립자들 외에 상당히 불안정한 다른 소립자 무리가 발견되었다. 소립자 세계의 시간 규모로 볼 때 1초는 너무 길다. 그래서 1초의 10조분의 1의 100억분의 $1(10^{-23})$초 를 소립자 세계의 시간 단위로 한다. 그러면 앞에 열거한 소 립자는 수명이 무한대이거나 대략 1,000조 소립자 시간 단 위다.

그런데 이제부터 설명할 소립자는 수명이 대략 소립자 시 간 단위의 몇 배 정도다. 이처럼 짧은 수명은 직접적으로 측 정할 수는 없다. 간접적인 방법으로, 이론적으로 산출한다. 이런 초단수명의 소립자는 소립자라고 해도 될지 모르겠다. 이 소립자들은 앞에서 열거한 소립자 중 몇 종류가 일시적으 로 결합해서 생성되는 것으로 보인다. 이 소립자들을 불안정

이름	기호
에타	$\eta(\pi^+\pi^-\pi^0)$
로	$\rho(\pi\pi)$
오메가	$\omega(\pi^+\pi^-\pi^0, \pi^0\gamma)$
케이*	$\kappa^*(\kappa\pi)$
케이케이	$\overline{\kappa}$
엔*	$N^*(N\pi)$
와이*	$Y^*(\pi\Lambda, \pi\Sigma)$
와이**	$Y^{**}(2\pi\Lambda, \pi\Sigma)$
엔*	$N^*(\pi N)$
와이***	$Y^{***}(\pi\Lambda, \pi\Sigma, \kappa N)$
크시*	$\Xi^*(\pi\Xi)$
엔***	$N^{***}(\pi N)$

소립자(정확히는 공명 소립자)라고 하자. 현재까지 알려진 불안정 소립자는 표[17]처럼 전부 12개 종류다.

괄호 안 기호는 불안정 소립자가 붕괴해서 생기는 소립자를 나타낸다. 이를테면 가장 상단의 에타가 붕괴하면 3개의 파이로 바뀐다. 소립자 이름 오른쪽 위에 있는 +, -, 0은 그

---

17 현대적 관점에서 보면, 이 표는 다양한 소립자 붕괴 현상의 극히 일부를 보여줄 뿐이다. 또 양성자나 중성자와 마찬가지로 표에 있는 입자 대부분은 소립자가 아니라 쿼크 등으로 구성된 복합 입자로 판명되었다. 지금으로서는 불충분한 표이므로, 이 책을 집필하고 나서 지금까지 소립자 물리학의 크나큰 발전을 보여주는 역사적 자료로 봐주기 바란다.

입자가 전기적으로 양, 음, 중성임을 나타낸다.

그런데 이처럼 소립자가 많이 발견된다면 이 소립자들을 전부 근원 물질이라고 볼 수는 없다. 그렇다면 모든 소립자를 이루고 있는 근원 물질은 무엇일까?

원자는 소립자로 구성되어 있다. 마찬가지로 모든 소립자도 몇 종류의 근원 물질로 이루어져 있을까? 만일 그렇다면 그 근원 물질은 무엇일까? 어떤 방법으로 생성될까? 이는 현재까지 아직 해결되지 않은 가장 중요한 문제다. 그러나 현재의 지식으로 상상할 수 있는 것은, 전체 소립자 중에 근원 물질이 있다면 경입자족이라 볼 수 있다는 것이다. 경입자족 중에서도 중성미자는 거의 모든 소립자 반응에서 나타나기 때문에 근원 물질로서의 중성미자 연구는 중시되고 있다.[18]

불안정 소립자(공명 소립자)로서 새롭게 피 중간자가 최근 발견되었다. 이 피 중간자는 시카고대학교 조교수 사쿠라이 준桜井純 박사(가쿠슈인대학교 출신, 하버드대학교 졸업)가 1962년 12월에 그 존재를 예측한 것으로, 이번 브룩헤이븐의 원

---

18 표준 모형이라 불리는 소립자 이론에 따르면, 소립자는 17종이 있고, 쿼크, 렙톤, 게이지 입자, 스칼라 입자라는 네 가지로 분류된다. 6장의 "소립자는 과연 궁극의 물질인가"의 목록에서 광자족은 게이지 입자의 일원, 경입자족은 렙톤의 일원, 중간자족과 중입자족은 쿼크로 구성되어 있다. 하지만 소립자 이론은 해명되지 않은 문제를 많이 안고 있다.

자핵 연구소와 캘리포니아대학교의 실험으로 그 존재가 확인되었다. 이 피 중간자는 10조분의 2초의 10억분의 1이라는 짧은 수명 내에 2개의 케이 중간자로 분열된다.

진공 세계에서는 '무'에서 '유'가 생긴다

진공은 무^無가 아니다

납 속도 빈틈투성이

물질이 궁극적으로는 소립자로 구성되어 있다는 것은 이미 설명한 대로다. 이 소립자에 대해서는 다각도로 설명해왔다. 그렇다면 자연은 소립자만으로 이루어져 있을까? 소립자가 없는 상태는 아무것도 없는 상태일까? 우주에서 소립자 전부를 소멸시켰다고 치자. 상식적으로는 아무것도 없는 공허한 진공만 남는다.

뉴턴부터 금세기 초까지의 물리학자들은 우리의 상식과 대체로 같은 생각을 하고 있었다. 진공은 물질이 존재하기 이전부터 존재했으며, 물질이 소멸해도 그 뒤에는 공허한 진공이 남는다고 생각한 것이다. 즉 진공이란 무한의 과거에서 무한의 미래로, 영구불변하게 존재하는 물질의 그릇 같은 존재라고 여겼다. 그것은 진정한 무^無이므로 물질, 자연 현상,

시간과는 전혀 무관한 것으로 간주했다.

그런데 현대 물리학은 이 사고방식을 180도 바꾸었다. 진공이 중대한 물리적 성질을 가지고 있다고 여기게 된 것이다. 현대 물리학에 따르면, 진공과 물질은 불가분의 관계다. 그 관계는 지금도 여전히 충분히 밝혀지지 않았다. 그러나 물질의 궁극적 존재로서의 근원 물질을 탐구해온 물리학자들은 마침내 소립자에 도달했고, 현재 진공을 소립자의 배후에 있는 존재로 중요시하고 있다. 탈레스가 "물은 만물의 근원"이라고 한 지 2,500여 년이 흐른 지금, 물리학자들은 "진공은 만물의 물질적 근원"이라고 주장하려 한다.

자, 본론에 들어가기에 앞서 진공은 어떤 것인지 알아보자. 지상의 공간은 공기로 가득 차 있으니 진공은 없다고 생각하는 사람도 있다.

지상의 공간은 많은 공기 분자(약 80퍼센트가 질소 분자이고 나머지는 산소 분자, 그 밖에 물, 탄산가스 등의 분자도 있다. 여기서는 그것들을 통칭해 공기 분자라고 하겠다)로 가득 차 있다. 공기 분자의 수는 지상에서는 1세제곱센티미터 속에 약 20억의 100억 배 개나 있다.

그러나 그 분자와 분자 사이에 진공이 존재한다. 공기 분자 한 개의 반지름은 약 1억분의 1센티미터다. 따라서 지상의 1세제곱센티미터 안에 있는 막대한 수의 공기 분자가 차지하는 부피는 불과 약 1,000분의 1세제곱센티미터다. 즉 지상의 공간에는 상상할 수 없을 만큼 많은 공기 분자가 존재하지만, 그 분자들의 부피를 고려하면 지상의 공간이라 해노 거의 대부분은 진공이다. 또 이 공기 분자의 수는 하늘로 높이 올라갈수록 감소한다. 지상 약 720킬로미터 상공에서는 1세제곱센티미터 안에 약 2,000억 개, 약 1,920킬로미터 상공에서는 약 20억 개로 감소한다.

진공관이나 TV 브라운관 내부는 고진공으로 알려져 있다. 그러나 그 고진공 속에서도 1세제곱센티미터당 약 300억 개의 가스 분자가 잔존하고 있다. 자연에 존재하는 가장 고도의 진공은 별과 별 사이의 공간이다. 그곳은 거의 완전한 진공으로, 가스 분자의 수는 1세제곱센티미터 안에 한 개에서 몇 개밖에 존재하지 않는다. 이것이 바로 성간 물질이다.

그런데 진공은 공기 중에만 존재하는 것은 아니다. 모든 물질 속에도 존재한다. 이를테면 납은 밀도가 높은 금속으로 유명하다. 납의 밀도는 11.3(물보다 11.3배 무겁다)이다. 이 납 1세제곱센티미터 속 납 원자의 수는 330억 개의 1조 배다. 그리고 납은 납 원자로 가득 차 있다. 따라서 납 속에는 원자와 원자 사이에 남겨진 진공은 거의 없다. 그러나 일반적으로 원자의 핵외 전자는 자신의 크기에 비해 상당히 널찍한 공간을 점유하고 있다. 만일 모든 핵외 전자를 가능한 한 작은 부피 안에 눌러 담는다면, 납의 원자핵과 비슷한 크기가 된다. 납의 원자핵은 원자 크기의 10만분의 1 정도다. 따라서 납 원자를 강한 힘으로 압축하면, 압축된 납 원자의 크기는 납 원자의 10만분의 1 정도로 작아진다. 이 사실을 통해 납 원자 속은 빈틈투성이의 진공임을 알 수 있다. 납조차도 그 내부는 대부분 진공인 것이다.

물질이 존재하지 않는 진공은 없다

우리는 특수 상대성 이론에서 운동하는 물체의 내부 공간은 수축하며, 또 일반 상대성 이론에서 물질의 존재는 만유인력에 의해 그 주위 공간을 휘게 한다는 내용을 살펴보았다. 이런 내용을 통해 여러분은 이미 물질과 공간 및 물체의 운동과 공간이 밀접한 불가분의 관계임을 깨달았을 것이다. 이 공간이라는 것은 여기서 말하는 진공을 뜻한다. 아인슈타인은 물질과 진공의 관계에 대해 이렇게 설명한다.

"물질이 존재하지 않는, 기하학적 넓이만 가진 진공은 존재하지 않는다. 진공은 어떤 물리적 성질을 지니며, 그 물리적 성질을 통해 물질과 밀접한 관계를 맺고 있다."

아인슈타인은 에테르의 존재를 지워버렸을 때 이미 이런 생각을 한 것이다. 즉 진공은 파동으로서의 빛을 전달하는 매질의 성질을 띠고 있다는 것이다. 이런 생각의 근원은 아인슈타인이 영국의 물리학자 마이클 패러데이^{Michael} ^{Faraday}(1791~1867)에게 배운 것에서 왔다고 하는 사람도 있다.

패러데이는 1831년에 이미 전기력과 자기력은 각각 하전체 및 자석 주위의 진공이 어떤 특수한 상태가 됐기 때문에 발생한다고 보았다. 그리고 그 특수한 어떤 상태를 '장場'이라고 불렀다. 하전체 주위에는 전기장이, 그리고 자석 주위에는 자기장이 형성된다고 생각했다.

이 장의 개념은 현대 물리학에서 매우 중요한 개념이다. 그리고 이 개념은 진공을 텅 빈 무無라고 생각해서는 이해할 수 없다. 아인슈타인은 이 생각을 만유인력에 적용해, 만유인력이 작용하는 공간을 만유인력장이라고 불렀다. 이처럼 장에는 그 물리학적 성질에 따라 여러 종류가 있다. 장이란 어떤 것인지 알기 위해, 이번에는 자기장이 갖는 한 가지 재미있는 물리적 성질에 대해 살펴보자.

자기장은 진공 속에 저장된 에너지다. 자기장의 세기는 가우스라는 단위로 나타낸다. 강한 자기장에서는 자석에 강한 자기력이 작용한다. 자기장의 세기와 자기력은 비례한다.

지구 자기장의 수평 방향의 세기는 일본에서 약 0.3가우스
다. 영구 자석으로 만들어진 자기장의 세기는 수천 가우스
다. 더 강력한 자기장은 전자석으로 만들 수 있다. 전자석은
구리 코일 속에 연철심을 넣어 자기장의 세기를 증대시킨 것
이다. 보통 전자석이 만드는 최고 자기장의 세기는 약 2만 가
우스다. 특별히 더 강한 자기장을 만들려면 공심 코일(철심을
이용하지 않은 것)에 고전류를 흘려보낸다. 이때 코일 속 공
간에 생기는 자기장의 세기는 전류의 크기에 비례해 커진다.
이 방법으로 수백만 가우스의 세기를 가진 자기장을 만들
수 있다.

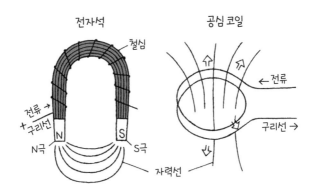

자기장은 진공 속에 저장된 에너지: 공심 코일에 전류를 흘려보내면, 전류에 비
례해 구리 코일 속에 강한 자기장이 생긴다. 구리 코일 속에 연철심을 넣은 것이
전자석이다.

자기장은 진공 속에 저장된 에너지이므로, 작은 공간 안에 수백만 가우스의 자기장을 만들면 자기장은 매우 큰 압력 때문에 팽창하려고 한다. 이 자기장의 압력은 강력한 화약의 폭발력에 견줄 만한 위력이다.

예전부터 화약 대신 자기장을 이용한 전자포 아이디어가 있었다. 그 연구가 진전되면 가까운 미래에 자기장의 폭발력은 무언가에 활용될 것이다. 진공 속에 저장되는 자기장 에너지는 300만 가우스의 세기일 때 1세제곱센티미터의 부피당 약 5만 줄(기계적 에너지 단위)로, 이는 5톤 무게의 물체를 1미터 들어 올릴 수 있는 에너지와 맞먹는다. 이처럼 진공이 에너지를 저장할 수 있다는 것은 진공이 물리적으로 무無가 아님을 보여준다.

전기장과 자기장 모두 광자가 만들어낸다

아인슈타인에 따르면, 만유인력장은 진공 공간의 휘어짐이라는 특수한 상태다. 또 패러데이에 따르면, 자석 주위의 공간은 자기장 에너지가 저장된 진공의 특수한 상태다. 그런데 이 '장'과 소립자는 밀접한 관계로 보인다.

과연 어떤 관계일까? 앞서 이야기한, 핵자 사이에 작용하는 핵력을 떠올려보자. 핵자 속에는 파이 중간자 구름이 있

다. 2개의 핵자가 접근하면, 그 핵자 사이에 서로 파이 중간
자의 교환이 일어난다. 그리고 그 교환으로 교환력이 발생한
다. 이것이 핵력의 본질이었다. 그런데 그 핵력을 다음과 같
이 표현할 수도 있다. 핵자 주위에는 핵자기장이라는 공간의
특수한 상태가 존재한다. 그리고 2개의 핵자는 2개의 전자
가 전기장을 통해 서로 힘을 미치듯이 핵자기장에 의해 서로
끌어당겨 결합한다고 볼 수 있다.

즉 핵력이라는 하나의 현상을 두 가지 표현으로 설명할
수 있다. 하나는 핵력은 핵자기장에 의한 힘이며, 다른 하나
는 핵력은 파이 중간자의 교환력에 의한 힘이라는 설명이다.

그래서 두 가지 표현을 하나로 합치면, 핵자기장은 파이
중간자라는 소립자가 만들어낸다고 할 수 있다. 그리고 이론
적으로 전기장, 자기장 및 만유인력장에 대해서도 이와 유사
한 설명이 가능하다. 즉 전기장, 자기장은 광자가 만들어낸
다고 할 수 있다.

전기장은 하전 입자의 주위 공간에 형성되는 것이다. 그
리고 2개의 하전 입자는 이 전기장을 통해 서로 힘을 미친
다. 이 힘을 전기력이라고 한다. 그러나 이는 전기력을 장이
라는 개념으로 설명한 것이다. 전기력을 장이라는 개념을 이
용하지 않고 소립자로 설명할 수 있다. 그 설명은 다음과 같

다. 하전 입자는 항상 가상 과정으로 광자를 방출하거나 흡수하고 있다. 그리고 2개의 하전체가 접근하면 그 광자를 서로 교환한다. 그 결과 2개의 하전 입자는 교환력으로 서로 힘을 미친다.

하전 입자가 늘 광자를 방출하거나 흡수한다면, 하전 입자는 빛이 날 것이라고 생각하는 사람이 있다. 이를테면 하전 입자의 하나인 전자에 대해 이 문제를 생각해보자. TV 브라운관 속 전자총에서 전자류가 발사되고 있다. 이 전자류는 빛을 내지 않는다. 전자류는 브라운관 앞면의 형광판에 충돌하고 나서야 빛을 낸다. 이처럼 전자류는 등속도로 운동하고 있을 때는 전혀 빛을 내지 않는다. 전자 주위의 광자는 핵자 속 파이 중간자처럼 가상 과정으로 존재하기 때문이다. 이 광자를 꺼내 눈에 보이게 하는 방법은, 한마디로 말하면 전자를 가속도 운동시키는 것이다. 이를테면 날아다니는 전자에 어떤 방법으로 제동을 걸어 멈추게 한다. 그러면 전자가 가진 운동에너지가 전자 주위에 가상 과정으로 존재하는 광자에게 이동해 광자는 자유의 몸이 되어 날아다니기 시작한다. 그리고 그 광자(이 광자의 파동 모습이 전자기파다)는 우리 눈에 빛을 느끼게 할 수 있다. 소립자 이론에 따르면, 전자가 가속도 운동을 했기 때문에 전자에서 광자가 나왔다는 것은 전자 주위에 항상 광자가 가상 과정으로 존재해서라고 해석한다.

이를 비유적으로 말하면, 정말 돈이 없는 가난한 사람에게서는 아무리 협박해도 돈이 나오지 않는다. 그러나 얼핏 가난해 보이지만 협박했더니 돈이 나왔다면, 그 사람은 진짜 가난한 게 아니라 어떤 방법으로 돈을 소유하고 있었다고 생각할 수밖에 없다. 그래서 전기장은 광자가 만들어낸다고 생각할 수 있다.

자기장은 자석 주위에 형성된다. 2개의 자석은 이 자기장을 통해 서로 힘을 미친다. 이 힘이 자기력이다. 그러나 이 또한 전기장처럼 자기장의 개념 없이 자기력을 설명할 수 있다. 자기장도 가상 과정의 광자가 만들어내며, 자기력은 그 광자의 교환력으로 해석된다. 물리학적으로 보면, 전기장과 자기장의 본질은 같다.

그렇다면 만유인력장은 어떤 소립자가 만들어낼까? 이는 매우 흥미로운 문제다.

만유인력은 소립자의 흐름이다

1959년 영국의 유명한 이론 물리학자 폴 디락[Paul Dirac](1902~1984, 1933년 노벨 물리학상 수상)은 만유인력이 그래비톤이라는 소립자가 만들어낸다는 이론을 발표했다. 그 이론은 아직 실험적으로 검증되지 않았지만, 다음과 같은 내용이다. 전자가 가속도 운동을 할 때 전자기파를 방출한다. 마찬가지로 물체가 가속도 운동을 할 때는 만유인력파를 방출한다.[1] 그리고 그 만유인력파는 광속도로 진공 속을 전파한다. 전자기파가 광자의 흐름이듯이 만유인력파는 그래비톤의 흐름이라는 것이다(파동의 모습이 만유인력파이고, 입자로서의 모습이 그래비톤이다).[2]

그렇다면 만유인력파는 어디에서 발생할까? 지구를 예로 들어 생각해보자. 이미 설명했듯이, 전자가 전자 가속기 안에서 회전 운동을 하면 싱크로트론 방사선을 방출한다. 그런데 지구는 태양 주위를 회전 운동(공전)하고 있다. 따라서 전자의 경우처럼 지구에서 만유인력파가 방출된다고 생각할 수 있다. 그리고 지구는 이로 인해 운동에너지를 소모해서 속도가 느려진다. 속도가 느려지면 지구는 나선 궤도를 그리며 태양에 접근해 결국 태양에 빨려 들어가고 만다. 이현상은 도깨비불 같은 원자(3장의 "자연의 안정을 지키는 플랑

---

[1] 지금은 일반적으로 '중력파'라고 한다.
[2] 2019년 시점에서 그래비톤은 아직 발견되지 않았다. 또 그래비톤은 소립자 표준
    모형에 포함되지 않은 소립자다.

크 상수" 참조)와 흡사하다.

그러나 지구가 태양으로 빨려 들어갈 걱정은 없다. 디락의 이론으로 계산하면, 지구는 10억 년간 태양 주위를 공전하면서 불과 100만분의 1센티미터 태양에 접근했을 뿐이기 때문이다. 이는 만유인력파의 방출이 아주 조금밖에 일어나지 않는 현상이라는 증거다. 그래서 만유인력파의 존재는 천문 현상에서는 사실상 무시해도 좋다.[3]

이처럼 진공의 특수한 상태인 장과 소립자 사이에는 밀접한 관계가 있어 보인다. 달리 말하면, 진공과 소립자는 간접적인 관계가 있음을 보여준다. 그렇다면 장이 존재하지 않는 진공과 소립자 사이에는 직접적인 관계가 없을까? 실은 관계가 있는 것으로 추정된다. 이에 대해서는 이제 기상천외한 이론을 소개하겠다. 이 이론은 단순한 공상이 아니다. 오히려 자연의 끝없는 깊이와 그것에 도전하는 현대 물리학의 본질을 보여준다.

---

3   현대에는 중력파가 블랙홀이나 중성자별의 쌍성 합체에서 중요한 역할을 한다는 사실이 밝혀졌다. 또 인류 최초의 중력파 검출이 2017년 노벨 물리학상으로 이어졌다.

자연은 한없이 심오하다

전자는 순간적으로 사라지는 것

1932년 캘리포니아공과대학의 칼 앤더슨^{Carl Anderson} 교수 (1905~1991, 1936년 노벨 물리학상 수상)는 윌슨 안개상자를 이용해 우주선 입자의 본질에 대해 연구하고 있었다. 이때 그는 기묘한 소립자의 존재를 발견했다. 그 소립자는 질량이나 다른 물리적 성질은 전자와 동일했지만, 그 소립자가 가진 전기 부호만 정반대였다. 즉 그 소립자는 음전하 대신 양전하를 가진 전자였다. 물질 속에 존재하는 전자는 핵외 전자는 물론 전부 음전하를 띠는 것들뿐이다. 그래서 앤더슨은 이 양전하를 가진 전자를 양전자라고 이름 지었다.

양전자는 전자와 충돌하면 순간적으로 소멸해 2개의 감마선으로 바뀐다는 사실이 밝혀졌다. 이 현상을 전자쌍 소멸이라고 한다. 또 한 개의 고에너지 감마선(전자의 질량 에너지의 2배가 넘는 에너지를 가진 것)은 원자핵 근처의 진공 속에서 전자와 양전자 한 쌍으로 바뀐다는 사실도 발견되었다. 이는 쌍생성이라 한다. 이처럼 전자에 대해 양전자가 존재한다는 사실은 양성자에 대해 음전하를 가진 양성자(이를 반양성자라고 한다)의 존재를 상상하게 만들었다. 그러나 반양성자의 존재는 양전자처럼 쉽게 발견되지 않았다. 반양성자의 존재가 발견된 것은 1955년이 되고 나서다. 캘리포니아 대학교의 세그레 교수 연구팀이 같은 대학에 있는 고에너지 양성자 가속기 베버트론을 이용해 반양성자를 발견한 것이다.

그 뒤 최근까지의 연구 결과에 따르면, 모든 소립자에는 쌍을 이루는 정입자와 반입자가 존재한다는 사실이 밝혀졌다. 단, 광자와 중성 파이 중간자는 예외로, 하나가 정입자와 반입자를 겸하고 있다.[4] 이 입자들 한 쌍의 두드러진 성질은 만일 양쪽이 충돌하면 그 한 쌍은 순간적으로 소멸해 다른 소립자로 바뀐다는 것이다. 그리고 그 소립자는 붕괴해 결국 감마선, 중성미자 및 전자 중 하나 또는 전부로 바뀐다(전자

---

4 글루온과 Z보손 등 광자와 중성 파이 중간자 외에도 반입자가 자기 자신이 되는 입자들이 몇 개 발견되었다.

쌍 소멸의 경우에만 즉시 2개의 감마선이 된다).

그렇다면 왜 정입자와 반입자[5]가 존재하는 걸까? 앞서 이야기한 기상천외한 이론이란 이에 대해 디락이 한 설명을 뜻한다.

진공은 소립자로 가득 차 있다

앤더슨이 양전자를 발견하기 4년 전에 디락은 전자의 운동을 완전히 기술하는 상대론적 파동 방정식을 발견했다. 그런데 그 방정식을 풀면 기묘하게도 전자(즉 음전자)의 에너지에는 플러스와 마이너스, 두 종류가 있다는 결과가 나왔다. 이는 전기적 성질의 플러스, 마이너스와는 다르다. 이 결과에 대해 디락은 여러 가지로 생각한 끝에 이런 결론에 도달했다.

"우주의 진공은 마이너스 에너지의 전자로 완전히 가득 차 있다. 그러나 진공은 플러스 에너지의 전자로는 완전히 가득 차지 않는다. 그리고 우리가 알 수 있는 전자는 플러스 에너지의 전자다."

---

5 '입자와 반입자', '물질과 반물질'과 같이 '정(正)'을 붙이지 않는 경우가 점차 많아지고 있다.

이 생각에 따르면, 플러스 에너지의 전자는 진공을 완전히 가득 채우고 있지 않으므로, 진공 속에 얼마든지 비집고 들어갈 여지가 있다. 그런데 마이너스 에너지의 전자는 진공을 가득 채우고 있으므로, 그 이상 비집고 들어갈 여지는 없다. 그런데 마이너스 에너지의 전자 하나를 진공에서 빼내 플러스 에너지의 전자로 만들 수 있다. 방법은 고에너지 감마선으로 진공을 비추는 것이다. 그러면 그 감마선은 진공속 마이너스 에너지의 전자 하나와 충돌해, 감마선의 총에너지가 그 전자의 마이너스 에너지를 플러스로 만든다. 감마선의 에너지가 충분히 크다면 충돌한 전자는 플러스 에너지를 가질 수 있다. 디락은 이 방법을 사용하면 지금까지 진공에 존재하지 않았던, 플러스 에너지를 가진 전자 하나가 나타나리라 생각한 것이다.

그런데 이런 일이 일어나면, 진공 속에 마이너스 에너지인 전자의 빈 껍질이 하나 생길 것이다. 그 빈 껍질은 기묘한 성질을 지니고 있다. 빈 껍질 주위에는 마이너스 에너지의 전자로 가득하나. 그래서 빈 껍질은 상대적으로 그 주위에 대해 플러스 에너지를 띠고 있는 것처럼 보인다. 또 빈 껍질 주위의 마이너스 에너지의 전자는 음전하를 띠고 있다. 따라서 빈 껍질은 그 주위의 음전하에 대해 상대적으로 양전하를 띠는 것처럼 보인다.

마이너스 에너지의 전자로 가득한 진공은 이를테면 물과 같다. 그리고 진공에 생성된 빈 껍질은 물속의 기포 같은 것이다. 물속에 있는 금붕어는 기포를 히니의 실재물로 본다. 이와 마찬가지로 진공의 빈 껍질은 우리에게는 플러스 에너지와 양전하를 띠는 전자, 즉 양전자라는 것이다. 앞서 이야기한 양전자의 존재는 이 디락의 생각이 옳았음을 실증하는 것이었다. 디락이 이런 증명을 해냈기 때문에 진공을 디락의 바다라고 한다. 양전자는 디락의 바다에 생긴 기포에 비유할 수 있다.

방금 설명한 내용은 전자에 대한 것이지만, 그 밖에 모든 소립자에 대해서도 대체로 동일하게 적용할 수 있다. 즉 진공은 마이너스 에너지를 가진 모든 소립자로 가득 차 있다. 그리고 반입자란 양전자의 경우처럼 진공에서 생겨난 빈 껍질 또는 디락의 바다의 기포라고 볼 수 있다.

우리 눈앞의 진공, 몸속의 진공도 마이너스 에너지의 소립자로 충만하다. 그럼에도 불구하고 우리가 아무런 저항도 받지 않은 채 움직일 수 있고, 또 가시광선의 광자가 그냥 지나칠 수 있는 이유는 진공을 채우고 있는 소립자가 큰 마이너스 에너지를 가지고 있기 때문이다. 가시광선의 광자는 에

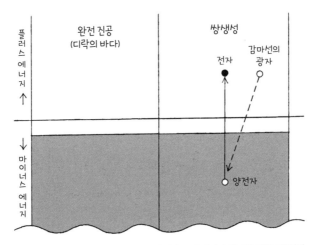

진공에서 소립자가 태어난다: 진공은 마이너스 에너지의 전자로 가득 차 있다. 고에너지 감마선으로 진공을 비추면 감마선은 마이너스 에너지의 전자와 충돌하고, 감마선 에너지는 마이너스 에너지의 전자로 이동해 플러스 에너지의 전자가 진공에서 튀어나온다. 마이너스 에너지 전자의 빈 껍질은 양전자가 된다(쌍생성).

너지가 작아서 마이너스 에너지의 소립자를 플러스 에너지까지 끌어올릴 수 없다. 그래서 가시광선은 진공 속을 그냥 지나칠 수 있는 것이다. 이 디락 이론의 관점에서 보면, 진공은 결코 무無가 아님을 잘 알 수 있다. 진공은 오히려 모든 소립자를 만들어내는 모체다.

현대 물리학은 감각으로 파악할 수 없는 하나의 예술

그러나 이런 설명으로 우리가 진공의 본질을 이해할 수

있을까?

상식이 요구하는 것은 진공의 도해圖解적이고 기계적인 구성이다. 우리의 상식뿐 아니라 20세기 초 물리학자들도 마찬가지였다. 당시 물리학자 중에서 도해할 수 없는 것은 이해할 수 없다고 말한 사람도 있다. 그러나 이런 생각을 하는 한 초감각적인 자연의 영역을 물리학적으로 이해할 수 없음을 깨달았고, 물리학은 자연을 수학적으로 이해하는 방향으로 나아가게 된 것이다. 이것이 현대 물리학의 특징이다. 디락의 이론은 이 사실을 보여주는 좋은 예다.

하지만 아무리 그렇다 해도 디락의 이론은 너무 인위적으로 보일 수 있다. 그런데 그 또한 현대 물리학의 특징이다. 현대 물리학의 이론은 인간의 창작품이라는 일면을 지니고 있다. 이를테면 소립자가 실재한다는 의미와 달이나 산이 실재한다는 의미는 결코 동일하지 않다. 달이나 산이 실재한다는 것은 우리의 감각을 통해 직접적으로 알 수 있다. 그러나 소립자가 실재한다는 것은 감각을 통해 직접적으로 알 수 없다. 이를테면 비적 검출기로 전자의 비적을 볼 수 있다. 그러나 그 비적을 만든 무언가가 실재하고, 그것이 전자라는 사실은 물리학의 이론 없이는 알 수 없다. 전자는 색, 냄새, 모양 등 감각으로 알 수 있는 모든 것을 상실한 존재이기 때문이다. 따라서 소립자는 인간의 창작품이다. 그러나 그림이나 조각 같은 창작품과는 전혀 다르다. 소립자의 물리학적 성질은 인간이 측정 기계로 직접 측정할 수 있는 물리량과 직접적 또는 간접적으로 연결되어 있다. 따라서 자연 자체의 구조와 완전히 유리된 창작품은 아니다.

생각하면 할수록 이 문제에는 심오함이 있다. 이런 관점에서 보면, 마이너스 에너지란 창작품적 경향이 강한 현대 물리학 이론의 소산이라고 풀이할 수 있다. 이 경향은 소립자 이론에서 점점 활발해지고 있다. 소립자 자체가 감각적 요소를 가지고 있지 않기 때문에 이 경향은 어쩔 수 없는 흐름이다.

하이젠베르크는 이런 경향을 수학의 허수 도입에 비유한다. 허수(마이너스 제곱근)는 실재하지 않는 것이다. 그러나 허수의 도입으로 우리는 로그 계산을 매우 간략화해 능률을 올릴 수 있다.

만유인력도 차단할 수 있다

우리가 사는 세계에서는 정입자만 모여 원자를 이루고 있다. 그럼 반입자만으로 반원자를 만든다면 어떻게 될까? 현재의 양성자 가속기로는 반양성자, 반중성자 및 양전자를 쉽게 만들 수 있다. 따라서 이 세 가지 반입자로 반원자를 만드는 것은 원리적으로 가능하다. 또 반원자를 만들면 반원자에서 반분자를 만드는 일도 가능하다. 그러나 반원자, 반분자를 만든다 해도 그것들을 보통 물질의 용기에 넣어둘 수는 없다. 반원자, 반분자는 보통 물질과 접촉하면 그 순간 소멸해 전자, 중성미자 및 광자로 바뀌기 때문이다. 이때 발생하는 총에너지는 같은 양의 원자폭탄, 수소폭탄의 폭발 에너지보다 수천 배나 크다.

진공의 성질에 대해 생각하다가 도달한 이 반입자, 반원자, 반분자라는 존재는 상당히 흥미로운 문제다. 즉 이런 반물질과 보통 물질 사이에 작용하는 만유인력이 인력이 아니라 척력일지도 모른다는 상상이다. 아인슈타인의 만유인력 이론에 따르면, 만유인력은 공간 자체의 성질로, 물질의 종류와는 무관하다. 따라서 보통 물질과 반물질 사이의 만유인력은 역시 인력일 것이다.

그러나 과연 그 이론대로일지는 실제로 실험해보지 않으면 알 수 없다. 그 실험은 아직 실행된 바가 없다. 만일 인력 대신 척력이 작용한다면, 아인슈타인의 만유인력 이론이 부정될 뿐 아니라 반물질을 사용함으로써 인력을 차단하는 일이 원리적으로 가능해진다(만유인력은 모든 물질을 완전히 관통할 수 있다. 현재까지 알려진 바로는 만유인력을 차단할 방법은 없다).

이제 미시 세계에서 다시 광대한 우주로 눈을 돌려보자. 그곳에는 거의 완전에 가까운 진공 공간이 있다. 그 공간 속에는 반원자가 존재할 수 있을 듯하다. 혹시 반원자가 존재해도 보통의 원자와 충돌해 소멸할 기회는 적을 것이다. 우주 공간에서 반입자는 우주선에 의해 조금씩 생성되고 있다. 그러나 다량의 반원자가 만들어질 만큼 반입자가 생성되지는 않는다. 그래서 다양한 우주 현상을 통해 추론하면, 우리 은하계 내에 반원자가 존재한다 해도 그 양은 보통 물질의 1,000만분의 1 이하다. 이로써 은하계 내에 반물질로 이루어진 별이 존재한다는 공상은 터무니없는 것으로 간주한다. 관측 결과 또한 그 사실을 증명하고 있다. 만일 은하계 내에 반물질의 별이 존재한다면, 당연히 그 별 근처 공간에서는 반양성자가 많이 산재해 있을 것이다. 그러면 보통의 별에서 방출되는 양성자, 성간 물질 속 양성자와 그 반양성자가 충돌해 소멸하면서 고에너지 감마선이 다량 발생한다. 최근 미국에서 인공위성 익스플로러XI에 고에너지 감마선 검출기를 싣고 우주 공간에서 날아오는 감마선을 관측했다. 그 결과에 따르면, 반물질의 별에서 발생할 정도의 다량의 감마

선은 관측되지 않았다.[6]

끊임없이 전파를 발사하는 라디오 성운

이제 시야를 전 우주에까지 확대해보자. 최근 일부 천문학자, 물리학자는 하나의 성운 전체가 반물질로 이루어져 있을 가능성이 있다고 말한다. 그리고 그 가능성의 근거는 라디오 성운[7]에서 발사되는 강한 전파의 에너지원이다. 이에 대해 살펴보도록 하자. 1932년 벨 전화 연구소의 칼 잰스키[Karl Jansky](1905~1950)가 처음으로 우주에서 지구로 오는 전파를 발견했다. 당시에는 그 전파를 은하계의 일반 별에서 발사되는 전파 잡음으로 여겼다. 그런데 얼마 뒤 은하계 안의 특수한 별과 은하계 밖의 특수한 성운(라디오 성운이라 한다)에서 강한 전파가 발사되는 것을 발견했다. 이 중 반물질과 관련해 특히 흥미로운 점은 유난히 강한 전파를 발사하고 있는 라디오 성운이다. 현재까지 자세히 조사된 라디오 성운의 수는 45개나 된다.

---

6   반물질은 우주선에도 포함되어 있으며, 초신성이나 맥동성, 암흑물질이 그 기원으로 유력시되고 있으나 아직 해명되지 않았다. 또 최근 반물질의 일종인 양전자가 벼락이라는 친근한 곳에서 발생한다는 관측 결과가 보고되었다.

7   현대에는 '전파 은하'라고 한다.

라디오 성운에서 오는 전파는 보통의 별에서 발생하는 고온 플라스마(고온의 이온과 전자의 혼합물)의 열적 교란으로 발사되는 전파와는 다르다는 사실이 밝혀졌다. 라디오 성운의 전파는 초고에너지 전자가 자기장 속에서 나선 운동을 할 때 전자에서 발사되는 싱크로트론 방사선이다. 싱크로트론 방사선은 보통 별 내부에서 발생하는 전파보다 파장이 길어서 구별할 수 있다. 그런데 이 라디오 성운의 싱크로트론 방사선은 우주의 다른 장소에서 오는 싱크로트론 방사선에 비해 세기가 훨씬 크다. 이상의 사실을 통해, 라디오 성운 내부에서는 거대한 에너지가 해방되면서 그것이 막대한 전자기파 에너지와 고에너지 전자가 되어 무한의 공간에 방출되고 있다고 결론지은 것이다.

그런데 더욱 흥미로운 점은 그 거대한 에너지원은 무엇일까 하는 것이다. 현재 물리학자들이 알고 있는 별 내부에서 발생하는 에너지원은 원자핵 융합 반응 및 만유인력에 의한 수축이다. 그런데 라디오 성운의 전파 에너지는 이들 에너지원으로는 설명할 수 없을 만큼 크다.

광학 망원경으로 보면 라디오 성운 중 어떤 성운이 매우 흥미로운 모습을 하고 있다. 강력한 라디오 성운 중 하나로 백조자리 A(Cygnus A)라는 것이다. 이 성운은 지구에서 적어도 2억 7,000만 광년이나 멀리 떨어진 곳에 있음에도 지구에 강력한 전파가 도달한다. 특히 흥미로운 점은 이 성운은 단일한 것이 아니라 충돌하고 있는 2개의 성운이라는 것이다.[8] 이에 물리학자들의 머릿속에는 둘 중 하나가 반물질로 된 반성운일지도 모른다는 판타스틱한 상상이 떠올랐다. 처녀자리 M87(Messier 87)도 특히 흥미로운 강력한 라디오 성운의 한 예다. 이 성운은 얼핏 보통 성운처럼 보인다. 그러나 잘 관찰해보면 그 성운 속에서 한 줄기 빛나는 제트류 같은 것이 나오고 있다. 이 제트류가 반성운일 수도 있다. 그리고 그 제트류와 보통 성운이 충돌해 순차적으로 소멸하며 강한 전파와 빛을 내고 있는지도 모른다.[9]

우주는 하나의 소립자에서 태어났다

우주가 생겼을 때 정성운과 반성운이 동시에 생성됐다고 한다면, 이 두 성운은 생성과 동시에 신속히 분리됐다고 볼

---

8   최신 결과에 따르면, 백조자리 A의 거리는 대략 7억 6,000만 광년이다. 또 2개의 은하가 아니라 한 은하의 중심에서 분출된 제트라는 고속 가스 흐름이 주변 물질과 두 곳에서 충돌하고 있는 것으로 보인다.

9   현재는 백조자리 A나 M87 모두 거대 블랙홀이 에너지원인 것으로 알려졌다. 그리고 2017년에 이루어진 사건지평선망원경(EHT)의 관측으로 M87의 중심에 거대 블랙홀이 존재한다는 것이 확인되었다.

수밖에 없다. 그렇지 않으면 서로 소멸했을 것이 분명하기 때문이다. 그런데 만일 반성운이 존재한다면, 어떤 방법으로 만들어졌을까? 이에 대해 한 물리학자는 다음과 같이 추리한다.

"우주는 하나의 우주 소립자에서 태어났다. 우주 소립자는 우주입자와 반우주입자로 분리되었고, 이 둘은 재빨리 멀찌감치 떨어졌다. 그리고 우주입자는 분열해 우리가 살고 있는 우주가 되었고, 반우주입자는 분열해 반성운 집단으로 이루어진 반우주가 되었다. 반우주는 우주에서 관측할 수 없는 먼 곳에 있다. 그러나 그곳으로부터 반성운의 일부가 우리가 살고 있는 우주로 유입되고 있다. 그리고 그런 반성운이 정성운과 충돌해 강한 전파를 내게 된 것이 라디오 성운이다."

이 추측에 결정적인 천문학적 뒷받침은 아무것도 없다. 그러나 유쾌한 공상이다. 과학 이론은 완전한 실증을 요하지만 완전한 이론은 한 번에 태어나는 것이 아니다. 완전한 이론에 도달하기까지 긴 과정이 있으며, 그 과정이 스페큘레이션speculation 기간이다. 스페큘레이션, 즉 과학적 공상을 경멸하는 사람은 아이를 낳지 않고 어른을 낳으려는 사람이다. 그러나 일반적으로 사실보다 헛소문이 재미있듯이 진리보다 공상이 재미있다. 더구나 공상은 당시의 사상에 공명하기 마련이다. 그러나 진리는 공명하지 않는다. 진리를 이해하기 위해서는 비상한 노력이 요구되는 경우가 많다. 그러니 편하다는 이유로 스페큘레이션에만 치우치는 일은 금물이다.[10]

반우주는 정말 존재할까?

그렇다면 반성운의 유무는 어떻게 알 수 있을까? 가능성 있는 방법 중 하나는 각 성운에서 지구로 날아오는 중성미자를 조사하는 것이다. 보통의 별은 양성자와 양성자가 융합 반응을 일으킬 때 빛과 함께 다량의 중성미자를 방출한다. 그 중성미자는 정正중성미자다. 별에서 나오는 중성미자 대부분은 이 방법으로 방출되고 있다. 따라서 반성운 속 반성反星 내부에서는 반양성자와 반양성자가 융합 반응을 일으켜 반중성미자를 방출할 것이다. 그래서 성운에서 날아오는 중성미자를 지상에서 검출해 반중성미자만을 유독 많이 방출하는 성운을 발견한다면, 그 성운은 반성운이자 반물질로 이루어진 세계라고 추정할 수 있다.

---

10 우주가 물질로 이루어져 있는 이유는 아직 밝혀지지 않았다. 우주 탄생 직후에 대량의 물질과 반물질이 쌍소멸했지만, 물질이 약간 많았기 때문에 물질만 남았다는 가설이 있다. 그러나 물질이 많았던 이유는 아직 해명되지 않았다.

그렇다면 중성미자의 검출은 실제로 가능할까? 앞의 아이디어는 불가능에 가까운 일은 아닐까? 성운에서 날아오는 중성미자 검출은 아직 누구도 성공하지 못했다. 그러나 그 가능성이 있다는 것은 1956년 미국의 프레더릭 라이네스Frederick Reines(1918~1998)와 클라이드 코완Clyde Cowan(1919~1974)의 집념 어린 노력으로 실증되었다.

라이네스와 코완은 서배너 강의 세계 최대 원자로에서 방출되는 다량의 반중성미자를 직접적으로 검출하는 데 성공했다. 그 반중성미자의 밀도는 우주에서 지구로 날아오는 우주 중성미자의 약 30배나 높았다. 밀도가 높을수록 중성미자의 검출은 용이하다. 검출되는 중성미자는 다수의 중성미자 중 극히 일부다. 따라서 중성미자의 밀도가 낮으면 검출에 오랜 기간이 필요하다. 이 실험의 반중성미자 검출 원리는 6장의 "소립자는 과연 궁극의 물질인가"의 주석에서 설명한 반응식 5의 역반응의 일종을 이용한 것이다. 정입자와 반입자를 구별해서 이 반응을 적으면 다음과 같다.

반중성미자＋양성자→정중성자＋양전자

이 식의 의미는 반중성미자가 양성자와 충돌해 정중성자

와 양전자가 된다는 것이다. 이 반응을 이용하는 중성미자 검출기의 주체는 간단한 물탱크다. 물 분자는 수소 원자와 산소 원자로 이루어져 있으며, 양쪽 원자의 핵 속에 양성자와 중성자가 존재한다. 요컨대 물탱크는 닐아드는 중성미자의 표적으로 양성자를 제공하는 것이다.

만일 물탱크 속에 정중성자와 양전자가 동시에 발생한다면, 반중성미자가 날아와 물속의 양성자와 충돌했다는 의미다. 정중성자와 양전자가 물속에서 발생한 경우, 입자 검출기로 쉽게 검출된다. 그런데 물탱크 속에서 정중성자와 양전자가 동시에 단 한 번 발생한 것을 검출한다 해도, 물탱크 속에 반중성미자가 다수 날아들었음을 증명하는 것이다. 이 충돌은 좀처럼 일어나지 않아서 무수히 많은 반중성미자 중 하나만 양성자와 충돌해 앞의 반응을 일으키기 때문이다. 이는 다음의 숫자를 통해서도 짐작이 갈 것이다.

핵자의 크기는 대략 반지름이 1조분의 1밀리미터인 구체다. 중성미자와 핵자의 반응이 1회 발생하기 위해서는 이 반지름 1조분의 1밀리미터의 아주 작은 구체에 100조의 1,000억 배 개의 중성미자가 충돌해야 한다. 이는 중성미자와 반응하는 핵의 부위가 극히 작다고 해석할 수 있다. 핵자의 구조는 심과 그것을 둘러싼 파이 중간자 구름이다. 중성미자와 반응하는 부위는 그 심 내부의 일부일 수도 있다. 따라서 물탱크로 중성미자를 검출하는 방법은 가능한 한 큰 물탱크를 이용하는 편이 능률이 좋다.

이 방법은 물탱크를 충분히 크게 만들면 우주에서 날아오는 반중성미자 검출에 이용할 수도 있다. 그러나 물탱크를 충분히 크게 하려면 동시에 입자 검출기도 커져야 하기 때문에 실제로는 여러 기술적 문제가 있다. 따라서 우주에서 날아오는 중성미자 검출기로 이 방법은 적당하지 않다. 앞으로 우주 중성미자 검출을 위한 좀 더 좋은 방법이 발견되어 반성운 문제나 우주 팽창의 수수께끼 등을 풀 수 있는 날이 올 것이라 본다.[11]

물리학자들은 지금 설명한 원자로에서 나온 중성미자 외의 중성미자도 포착하는 데 성공했다. 아주 최근에 우주선에 의해 생성된 중성미자나 인공 우주선에 의해 생성된 중성미자도 포착하는 데 성공했다. 그리고 중성미자에는 한 종류가 더 있다는 사실도 발견했다. 그 역시 정중성미자 및 반중성미자가 있으므로, 그 수까지 포함해 중성미자는 이제 네

---

11 이후 카미오칸데와 슈퍼 카미오칸데가 대량의 순수(純水)를 사용해 우주에서 날아오는 중성미자를 검출했다. 또 남극의 얼음을 이용하는 아이스큐브 실험에서 검출된 중성미자는 블레이저라는 은하의 중심부에서 비롯된 것으로 확인되었다.

종류가 있다.[12]

물리학을 진보하게 한 것은 지식보다 상상력

물리학자는 반지름이 100억 광년인 우주부터 반지름이 1조분의 1밀리미터인 미시 세계까지 알 수 있었다. 그리고 그들이 아는 지식의 핵심은 자연의 구조가 단일하지 않다는 것이다. 바꿔 말하면, 거대한 우주는 감각 세계의 확대판이 아니었으며, 미시 세계 역시 감각 세계의 축소판이 아니었다는 것이다. 그리고 우리가 공리라고 믿었던 것조차도 우리의 좁은 감각 세계에서 경험한 지식일 뿐인 경우가 있다는 것이다.

현대 물리학자들의 자연에 대한 이해도는 뉴턴 시대와는 비교도 되지 않을 만큼 깊다. 그러나 그 이해의 정도가 깊으면 깊을수록 뉴턴의 말이 점점 더 진실성을 띤다는 생각이 든다. 뉴턴은 "나는 바닷가에서 놀고 있는 어린아이일 뿐이다. 진리의 바다는 그 어린아이 앞에서 탐구되지 않은 채 놓여 있다"고 말했다. 현대의 물리학자라 할지라도 이런 어린

---

12 현대 물리학에 따르면, 반중성미자까지 포함해 중성미자는 여섯 종류가 있는 것으로 확인되었다.

아이일 뿐이다. 미지의 세계는 지금도 우리 앞에 놓여 있다. 그리고 그곳에는 인간에게 참으로 중요한, 아직 우리가 모르는 자연의 진리가 숨어 있다.

그러나 그렇다고 해서 현대 물리학의 지식을 경시하는 태도는 매우 위험하다. 현대 물리학은 연구된 범위 내에서는 상당히 정확한 지식을 제공하고 있기 때문이다. 이만큼 신뢰할 수 있는 지식은 달리 없을 것이다. 특히 물리학의 기본 법칙에 위배되는 현상이 감각 세계에서는 절대 일어나지 않는다 해도 결코 과언이 아니다. 그런 현상이 일어난다면 그것은 물리학자들이 아직 연구하지 않은 미지의 세계에서일 것이다.

마지막으로 물리학의 연구에 대해 한마디하겠다. 물리학이 시야가 넓고 깊어질 수 있었던 하나의 요인은 물리학자들이 수학과 기계를 교묘히 이용하는 방법을 터득했기 때문이다. 그러나 또 하나 매우 중요한 요인이 있다. 물리학자들이 미지의 자연을 이해하기 위해 상식이나 편견 따위를 버리고 자연에 합치하는 새로운 사고방식(아이디어)을 찾아낸 일이다. 상대성 이론, 불확정성 원리 등이 가장 좋은 예다. 그리고 이 새로운 아이디어를 찾아내는 방법은 상상력을 발휘하는 것이다. 아인슈타인은 "지식보다 상상력이 더 중요하다"

고 했다.

맑게 갠 밤하늘을 올려다볼 때. 우리는 무한히 심오한 우주 공간을 직접 접하고 있는 것이다. 그러나 우주의 한없는 깊이에 대항해 우리의 상상력 또한 무한의 힘을 지녔다. 나는 학창 시절에 상상의 즐거움을 배웠다. 무언가를 최상의 아이디어라고 생각했을 때, 거기서 멈추지 말고 계속 상상력을 펼쳐나가보자. 그러면 더 좋은 아이디어가 떠오른다. 그러나 생각만 한다면 상상은 멈추고 만다. 상상력을 한없이 발전시키는 방법은 상상력으로 얻은 아이디어를 실제로 실험하는 것이다. 아이디어가 잘못됐을 때 실험은 실패한다. 그러나 실패에 좌절해서는 안 된다.

물리학의 연구에는 이론적 연구와 실험적 연구가 있다. 어느 쪽을 막론하고 연구에는 실패가 따르기 마련이다. 실패했을 때 자신의 실패 원인을 냉정하게 바라볼 만한 용기가 필요하다. 또 그 실패의 이면에 숨어 있는 성공의 싹을 발견하는 노력이 가장 필요하다. 연구자는 실패를 통해서만 귀중한 지식을 얻고 아이디어를 무한히 발전시킬 수 있다.

닐스 보어는 말했다. "전문가는 일어날 가능성이 있는 모든 실패를 경험한 사람이다."

이 말은 우리에게 용기를 북돋아준다. 물리학 연구뿐 아

니라 다른 분야에 종사하는 모든 사람에게도 이 말은 큰 힘
이 될 것이다.

물리 낙오자에게도 특별했던 책

나가타 가즈히로永田和宏(교토대학교 명예교수)

나는 물리 낙오자다. 처음에는 도쿄대학교 이학부에 재수도 하지 않고 합격해, 그 당시 인기가 너무 많아 3학년이 될 때 유일하게 전공 배치 시험까지 치러야 했던 물리학과에도 순조롭게 안착할 수 있었다. 앞날이 기대되는 출발이었지만, 보기 좋게 물리에서 낙오되더니 대학원 시험에도 떨어져 할 수 없이 기업에 취직했다.

여차저차해서 들어간 곳이 모리나가 유업의 중앙연구소였다. 대기업의 연구소라고는 해도 이론 물리, 더구나 소립자론 따위를 조금 아는 학생 출신에게 적당한 업무를 주기가 어지간히 어려웠는지 한동안 도서관에 방치되어 있었다. 머지않아 바이오라는 것이 앞으로 돈이 되는 분야라는 인식이 생겼고, 연구소 수뇌부도 바이오 뭐시기를 충분히 이해하지 않은 채 할 수 없이 놀리고 있던 나에게 그쪽 담당을 시키기로 한 모양이었다. 벌써 50년 가까이 된 일이다.

지도자가 전혀 없는 제로 상태에서의 출발이었다. 지금 생각해도 웃음이 나오는 실수를 수없이 되풀이했지만 차츰 바이오, 지금으로 말하면 생명과학 연구에 몰두하면서 그 재미에 사로잡혔다. 강의를 통한 배움이 아닌 스스로 실험 아이디어를 짜면서 실증해가는 작업의 재미에 빠지고 말았다. 과학이 이토록 재미있는 거였구나 하고 뒤늦게 실감한 것이다.

결혼해서 어린 자식이 둘이나 있으면서 무책임하게도 스물아홉에 회사를 그만두고 교토대학교 무급 연구원으로 돌아왔다. 우여곡절을 거쳐 그 후 40년을 세포생물학자로 살아왔다. 낙오자였던 경험은 쓰라졌지만 낙오자였기에 재미있는 인생을 산 건 아닐까? 정신 승리가 아니라 진심으로 그런 생각이 든다.

물리에서 낙오된 이유는 단순하다. 이야기하자면 길어지니 간략히 말하면, 나의 학창 시절이 1970년대 초 학생 운동의 광풍에 대학이 봉쇄되면서 강의나 시험도 없어지고, 오직 시위와 과별 토론으로 날밤을 새운 생활이었던 점을 먼저 꼽을 수 있다. 그러나 이는 누구나 처한 상황이었으니 변명거리는 되지 않겠으나, 나는 단가短歌라는 문학 장르를 만나 빠져 들었고, 사랑하는 사람을 만났으며, 그 사람이 가인歌人(일본 전통시를 읊는 사람－옮긴이)이었다는 조건들이 모여 물리에서 낙오될 만도 했다. 낙오자의 세 가지 조건을 갖춘 셈이다.

결국 낙오자가 되기는 했지만 그래도 물리학과에 가기를 잘했다는 생각이 든다. 낙오자가 된 세 가지 이유가 있었지만, 내가 물리를 하고 싶다고 생각한 이유, 그리고 교토대학교에 가고 싶다고 생각한 이유도 세 가지다.

첫 번째는 가지카와 고료梶川五良 교수님의 물리학 강의가 훌륭했다는 점이다. 고전 역학에는 운동 법칙 등 여러 공식이 있지만 외울 필요는 없다, 뉴턴 역학의 운동 방정식만 있으면 나머지는 미적분으로 대부분 도출해낼 수 있다는 말에 큰 충격을 받은 난 그 로직의 재미에 매료되었다. 가지카와 교수님은 모범답안과는 다른 답을 도출해보자며 가급적 공식을 쓰지 않고 빙 둘러가는, 시간이 엄청 걸리는 스마트하지 않은 풀이 방식으로 함께 경쟁하게 했다. 이 경험은 물리학의 재미와 아름다움을 스스로 느끼게 해주었다.

두 번째는 이 책과 만난 것이다. 이 책과의 만남은 충격적이었다. 내가 지금도 소중히 간직하고 있는 이 책은 표지가 절반은 찢어지고 접힌 자국에 밑줄, 메모 따위로 엉망인데, 새삼 판권장을 보고 깜짝 놀랐다. 초판 1쇄는 1963년 5월. 내가 가진 책은 1963년 11월에 발행됐는데 세상에, 30쇄가 아닌가! 6개월 동안 무려 스물아홉 차례나 증쇄를 한 것이다. 이 책이 얼마나 큰 반향과 함께 당시 사람들에게 읽혔는지 알 수 있을 것이다. 과학서 중에서 이렇게 많이 읽힌 책은 전무후무하지 않을까 싶다.

내가 이 책을 만난 것은 고등학교 2학년 때였다. 특히 교과서에는 나오지 않는 아인슈타인의 특수 상대성 이론에 완전히 빠져들었다. 특수 상대성 이론은 이 책에서도 가장 핵심적으로 다루는 부분 중 하나이며, 고전 역학밖에 모르던 고등학생의 상식을 근본부터 뒤흔드는, 혹은 깨부수는 것이었다.

광속도 불변의 법칙으로 시작해 광속도에 가까운 속도로 운동하는 우주선의 질량, 길이, 시간의 놀라운 변화는 특수 상대성 이론의 정수를 보여준다.

"성시하고 있는 측정자가 운동하고 있는 물체의 길이, 질량 및 물체 내 시간 경과의 속도를 측정하면, 길이는 물체의 운동 방향으로 수축하고, 질량은 증가하며, 물체 내 시간 경과는 지연되어 보인다. 그리고 이 수축하고, 증가하며, 지연되는 비율은 세 값이 동일하다."

이 정도라면 아무리 낙오자인 나도 이해할 수 있는 특수 상대성 이론이지만, 수식을 쓰지 않고 개념으로 무리 없이 이해시키는 것이 이 책의 탁월한 힘이다. 어떤 개념을 제시할 때는 그 하나하나에 대해 반드시 생각지도 못한, 그리고 적절한 비유를 써가며 일상적인 장면으로 환원한 가상의 이야기를 끼워 넣어 기존의 상식으로는 대처할 수 없는 개념을 체감할 수 있도록 한 것이다.

늦었지만 나 또한 과학(특히 생명과학)의 재미를 가급적 많은 일반인들에게 알려 공감을 얻고자 하는 입장이 되었지만, 과학을 과학의 언어로 설명하는 일은 쉬우나 그 특수한 언어에 정통하지 않은 독자에게 일반 언어로 재미를 느끼게 하기란 몹시 어려운 일이다. 저자의 기발한 발상과 논리적이면서 딱딱하지 않은 문체는, 이를테면 특수 상대성 이론의 핵심적인 재미를 쉽게 이해시켜 가슴 설레는 상상력의 세계로 독자들을 끌어들이는 힘이 있다.

당시에는 제대로 이해하지 못했지만 5장은 일반 상대성 이론에 대한 설명이다. 후반부에 아파트 4층에 사는 사람보다 1층에 사는 사람이 오래 산다는 내용에서는 나도 모르게 큰 웃음을 터뜨렸다. 공간의 휘어짐과 가속도, 중력 등을 설명하면서 인력의 영향으로 위층일수록 시간이 빨리 흐른다고 한다. '아하, 그렇구나' 하는 감탄이 나온다. 몇 페이지마다 등장하는 유쾌한 일러스트와 함께 개념이 완전히 체화되는 것을 실감한다.

덧붙이자면, 일반 상대성 이론은 이를 제창한 아인슈타인도 충분히 이해하지 못했을 수도 있다고 쓰여 있는데, 이 중력 방정식은 아인슈타인이 제출했음에도 그 자신은 풀지 못했다고 한다. 중력 방정식은 먼 훗날인 1972년에야 풀렸다. 방정식을 푼 사람은 당시 교토대학교 물리학과 조교수였던 사토 후미타카^{佐藤文隆}와 대학원생 도미마쓰 아키라^{富松彰}다.

사실 도미마쓰 아키라는 나의 물리학과 동급생이었다. 당시 나는 모리나가 유업에서 근무하고 있었는데, 하루는 아침까지 전날 숙취에서 헤어 나오지 못한 채 필사적으로 전철 손잡이를 부여잡고 있었다. 우연히 앞자리 남성이 읽고 있는 신문에 눈길이 갔고, 거기에 큼직큼직한 글씨로 "도미마쓰—사토 풀이"라는 기사가 있는 게 아닌가. 아인슈타인도 풀 수 없었던 방정식을 젊은 일본인 과학자가 풀었다는 내용이었다. 동급생이 이렇게 훌륭한 일을 하고 있는데, 나는 이런 데서 숙취에 시달리는 꼴이라니, 정말 이렇게 살아도 되는 건가 하고 몹시 침울했던 기억이 난다.

내가 물리를 하기로 마음먹고 교토대학교 이학부 시험을 친 세 번째 이유는, 말할 필요도 없이 그곳에 유카와 히데키 교수님이 계셨기 때문이다. 유카와 교수님은 학생뿐 아니라 우리 나라 전 국민의 영웅이자 동경의 대상이었다. 물리를 하려면 교토대학교 말고는 생각할 수도 없었다. 고맙게도 나는 유카와 교수님의 퇴임 직전에 기회를 얻었다. 유카와 교수님은 3학년을 대상으로 '물리학 통론'이라는 강의를 했는데, 그 마지막 강의를 들을 수 있었던 것이다. 기초물리학연구소, 통칭 유카와연구소의 살롱 같은 작은 강의실에서 일주일에 한 번, 오후에 한 시간 동안 유카와 교수님의 이야기를 들을 수 있었다. 그 일은 1년간 계속되었다. 손자 같은 학생들 앞에서, 더구나 퇴임 전 마지막 1년이었다. 유카와 교수님도 즐거웠던 듯싶다. 고전 역학부터 양자 역학까지 다양한 일화를 섞어가며 즐겁게 이야기하던 모습이 떠오른다.

안타깝게도 대부분은 잊어버렸지만 이 책과 관련해 말하자면, 특수 상대성 이론 시간에 들은 이야기는 지금도 기억하고 있다. 유카와 교수님의 질문은 이러했다.

"광속도에 가까운 기차가 달리고 있다. 당연히 길이는 점점 수축하고 있다. 10센티미터 정도가 됐다고 치자. 그런데 그 선로에 10센티미터 정도의 균열이 나 있다. 자, 기차는 어떻게 될까?"

보통은 그대로 지나칠 균열이지만, 기차 자체가 수축되었기 때문에 그 균열에 충돌한다. 그러면 단숨에 속도가 떨어진다. 결국 수축되어 있던 기차는 한순간에 원래 길이로 되돌아올 거라며 하하하하 호쾌하게 웃던 모습. 진심으로 웃음이 터진 듯한, 마치 못된 장난을 친 소년 같은 그때의 표정이 지금도 기억에 남아 있다.

그처럼 끝없이 상상력을 펼쳐가며 상대론의 다양한 면을 음미해 물리학을 즐기는 방식은 어딘가 이 책을 쓴 저자의 정신과 통하는 부분이 있다. 저자의 책을 읽은 적이 있었던 나는 물리라는 학문은 물론 어렵지만 이처럼 끝없는 상상력을 허용하는 학문이구나 하고 막연하게 생각했다.

낙오자였던 것은 사실이지만, 역시 물리학이라는 학문을 조금이나마 배워서 다행이라는 생각이 지금도 든다.

이 책에 쓰인 내용의 대부분은 특수, 일반 상대성 이론이든, 하이젠베르크의 불확정성 원리든 이미 현대 물리학의 세계에서는 고전 중의 고전이라는 위치를 점하고 있다. 그러나 저자가 이 책을 집필한 당시만 해도 그 이론들은 세상에 나온 지 불과 30년에서 50년밖에 되지 않은 새로운 지식, 새로운 식견이었다. 이 책에 가득한 가슴 설레는 흥분은 저자 자신도 새로운 원리와 이론을 만나 그 상식을 뛰어넘는 재미에 매료된 채 써 내려갔기 때문이리라.

이 책이 나온 지 50년이 지나 이번에 거의 원형 그대로 복간하게 되었다. 그 의미는 참으로 크다 하겠다. 새로운 이론이 나오고 그 흥분이 채 가라앉지 않은 시기에 실시간으로 기록한 물리학의 진전 과정을 다시 한번 만날 수 있으니 말이다. 오스가 겐 교수의 친절하고 자상한 감수 덕분에 수많은 새로운 식견을 알 수 있어 또한 무척 기쁘다.

이 책이 복간된 계기가 내가 여기저기서 이 책을 만났을 때의 경이로움과 훗날 진로를 바꿀 만큼 큰 영향을 받았다는 이야기를 해서라고 들었는데, 나로서는 물론 기쁜 일이다. 무엇보다 현대의 젊은이들이 아직 발전 중이었던 물리학의 생기 넘치는 호흡을 실시간으로 체험하며 예전의 나와 같은 감동을 받기를 바라 마지않는다.

틀리지
않는
물리학

풀리지 않는 물리학

초판 1쇄 발행 2021년 10월 08일

지은이 이노키 마사후미   **옮긴이** 정미애   **감수** 오스가 겐
펴낸이 김기용 김상현

편집 전수현 김승민   **디자인** 이현진
마케팅 조광환 김정아 남소현

펴낸곳 필름(Feelm) 출판사
등록번호 제2019-000086호   **등록일자** 2016년 6월 13일
주소 서울시 영등포구 양평로30길 14, 세종앤까뮤스퀘어 907호
전화 070-8810-6304   **팩스** 070-7614-8226
이메일 office@feelmgroup.com

필름출판사 '우리의 이야기는 영화다'

우리는 작가의 문체와 색을 온전하게 담아낼 수 있는 방법을 고민하며 책을 펴내고 있습니다.
스쳐가는 일상을 기록하는 당신의 시선 그리고 시선 속 삶의 풍경을 책에 상영하고 싶습니다.

홈페이지 feelmgroup.com   **인스타그램** instagram.com/feelmbook

ISBN 979-11-88469-85-7 (03420)